[Wissen für die Praxis]

Weiterführend empfehlen wir:

Mein neuer Job! Jetzt die
richtige Stelle finden
ISBN 978-3-8029-3936-5

Das Vorstellungsgespräch
ISBN 978-3-8029-3840-5

Geheim-Code Arbeitszeugnis
ISBN 978-3-8029-3788-0

Karriere im Ausland
ISBN 978-3-8029-3269-4

Kontakte knüpfen und
beruflich nutzen
ISBN 978-3-8029-3944-0

Legale Bewerbungstricks
ISBN 978-3-8029-3799-6

Tapferkeit vor dem Chef
ISBN 978-3-8029-3828-3

Wir freuen uns über Ihr Interesse an diesem Buch. Gerne stellen wir Ihnen zusätzliche Informationen zu diesem Programmsegment zur Verfügung.

Bitte sprechen Sie uns an:

E-Mail: WALHALLA@WALHALLA.de
http://www.WALHALLA.de

Walhalla Fachverlag · Haus an der Eisernen Brücke · 93042 Regensburg
Telefon 0941/5684-0 · Telefax 0941/5684-111

Vincent G.A.
Zeylmans van Emmichoven

Geheime Tricks

für die Jobsuche

Warum die klassische Bewerbung
nicht länger funktioniert

Mit Orientierungshilfen zum Download

Bibliografische Information der Deutschen Nationalbibliothek
Die Deutsche Nationalbibliothek verzeichnet diese Publikation in der Deutschen
Nationalbibliografie; detaillierte bibliografische Daten sind im Internet über
http://dnb.dnb.de abrufbar.

Zitiervorschlag:
Vincent G.A. Zeylmans van Emmichoven, Geheime Tricks für die Jobsuche
Walhalla Fachverlag, Regensburg 2016

SBL-CPI-0816N1-21821-O

Schnellübersicht

1
2
3
4
5
6
7
8

Outplacement lässt grüßen

Die zweite Auflage meines Buches „Ihr Traumjob im verdeckten Arbeitsmarkt" hat aus gutem Grund einen neuen Titel erhalten. Drei von sieben Kapiteln wurden entfernt. Nicht, dass diese nicht passend gewesen wären. Aber die Inhalte (Bewerbungsalltag, Vorstellungsgespräche, die ersten 100 Tage im neuen Job) finden sich ohnehin in den meisten gängigen Bewerbungsratgebern.

Aus Leser-Rückmeldungen wurde klar, dass Käufer dieses Buch gerade deshalb erworben hatten, da sie neue Wege bei der Bewerbung gehen wollten. Trotz der Lektüre vieler Bewerbungsbücher fiel es den Kandidaten schwer, eine neue Stelle zu finden. Häufig stellte sich ein Gefühl der Verzweiflung ein. Bewerber erlebten, dass „die klassische Bewerbung" nicht länger funktioniert. Alles schien jeweils zu passen. Die Unternehmens-Anforderungen mit dem eigenen Profil – und dennoch erhielt man eine Absage. Und das nicht nur ein- oder zweimal. Logischerweise sahen Bewerber nicht länger den Sinn, „mehr vom Gleichen" zu produzieren. Sie wussten aber nicht, wie sie einen anderen Weg einschlagen sollten.

Als Beispiel dient ein Gespräch, das ich vor wenigen Wochen in Nürtingen mit einer Elektronik-Ingenieurin (Schwerpunkt Prozessautomatisierung) führte. Diese verfügte über gute Unterlagen. Sie wusste aber nicht, wie sie vorgehen sollte. Täglich schaute sie bei Monster und Stepstone, nur um festzustellen, dass sie sich lediglich auf vier Stellen in zwei Wochen bewerben könnte. So verging die Zeit seit der Aufhebungsvereinbarung in Windeseile.

Ich wies auf die Unzulänglichkeiten des Systems „Reagieren auf eine ausgeschriebene Stelle" hin. Aus Gründen, die später noch näher ausgeführt werden, kann es einfach nicht funktionieren, Stellen über diesen Weg adäquat zu besetzen. Es wird nach der Nadel im Heuhaufen gesucht – und zwar sowohl auf Arbeitgeber- als auch auf Arbeitnehmerseite. Wer sieht, dass es knapp vier Millionen Unternehmen in der Bundesrepublik gibt und ca. eine halbe Million Menschen pro Monat eine neue Arbeitsstelle antreten, wird verstehen, dass es schlicht unmöglich ist, dass Nachfrage und Bedarf in dieser Weise aufeinandertreffen.

So habe ich die Entscheidung getroffen, gerade die Beschreibung, wie der verdeckte Arbeitsmarkt erschlossen werden kann, noch zu vertiefen. Hilfreich waren dabei im vergangenen Jahr meine Kontakte zu einem profilierten Outplacement-Berater, der aus Wettbewerbsgründen sein Geschäft (nach einer Trennung von seinem Geschäftspartner) ein Jahr nicht ausüben durfte. Seine Anfragen hat er mir weitergeleitet – und ich erhielt eine Unterstützung in denjenigen Bereichen, die für mich neu waren. Im Outplacement werden Mandanten fast ausnahmslos bis zum Erfolg begleitet. Die Kosten übernimmt der Arbeitgeber. Gedanken, die mir neu waren, die „geheimen Tricks", habe ich in dieses Buch integriert. Damit werden Sie sozusagen zum Outplacement-Berater in eigener Sache.

Vincent Zeylmans

Einige Worte vorweg

Die Arbeitswelt wird VUCA

Der Begriff ist in Deutschland noch nicht ganz angekommen. Es gibt lediglich einen Eintrag in der englisch-sprachigen Wikipedia. Der Ursprung kommt, wie häufig bei Entwürfen künftiger Szenarien, aus dem Amerikanischen. Die Wahrnehmung der Welt wird in etwa folgendermaßen beschrieben:

- Volatility (Unberechenbarkeit oder buchstäblich: Schwankungsintensität)

- Uncertainty (Ungewissheit oder Unvorhersagbarkeit)

- Complexity (Komplexität aufgrund der Anzahl von Einflussfaktoren und deren gegenseitiger Abhängigkeit)

- Ambiguity (Ambivalenz: beschreibt die Mehrdeutigkeit einer Situation oder Information – selbst wenn viele Informationen vorhanden sind, kann die Bewertung immer noch mehrdeutig sein)

Inspiriert von einem amerikanischen Wissenschaftler ghanaischer Abstammung wurde dazu folgendes Bild entworfen:

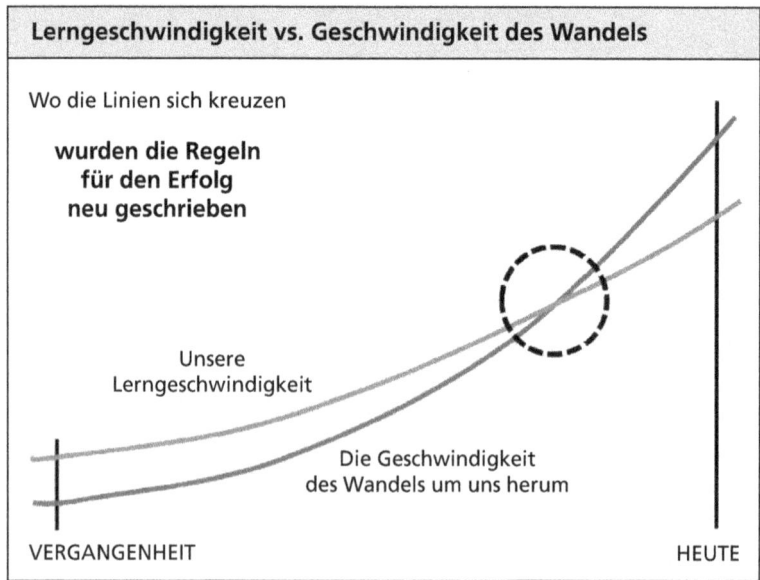

Lerngeschwindigkeit vs. Geschwindigkeit des Wandels

Wo die Linien sich kreuzen

wurden die Regeln für den Erfolg neu geschrieben

Unsere Lerngeschwindigkeit

Die Geschwindigkeit des Wandels um uns herum

VERGANGENHEIT

HEUTE

Die Schnittstelle bedeutet, dass wir den Punkt erreicht haben, an dem sich die Ereignisse schneller vollziehen, als wir sie vorhersehen können. Das hat natürlich eine Auswirkung auf viele Aspekte der Gesellschaft. Wir wollen uns auf die Arbeitsmarktsituation konzentrieren.

Konjunktur

Das neue Millennium hat gezeigt, wie unberechenbar die Konjunktur geworden ist. Um die Jahrtausendwende erlebten wir den wirtschaftlichen Start der digitalen Revolution. Produkte und Dienstleistungen schienen zweitrangig im Vergleich zu deren E-Commerce-Verbreitung. Ein Unternehmen, das Bestellungen für Katzenfutter über das Internet entgegennahm, wurde an der Börse hoch bewertet. Dagegen straften Aktionäre alte Industrie-Unternehmen als Dinosaurier ab. Das Ende ist bekannt und als „Dot.com-Blase" in die Geschichte eingegangen.

Dramatisch aber war die Tatsache, dass der Einbruch mit vielen Entlassungen einherging. Diese bedauerten übrigens auch die Arbeitgeber, als die Konjunktur wieder anzog. So war eine große Anzahl an Jobs endgültig für ganze Branchen verloren, da sich Facharbeiter in der Krise umschulen ließen und somit nicht länger in ihrer Fachexpertise zur Verfügung standen.

Die zweite „VUCA-Krise" in diesem Jahrtausend trat dann 2008 auf, als die US-Investmentbank Lehmann Brothers Insolvenz anmelden musste. Bekanntlich zog dieses Ereignis die weltweite Wirtschaftskrise nach sich. Deutschland kam mit einem blauen Auge davon (Stichwort: Kurzarbeit). Leichte Blessuren deshalb, da die Arbeitgeber aus der ersten Krise gelernt hatten, sich nicht zu schnell von Arbeitnehmern zu trennen.

Auch wenn die Frage nach der Konjunktur mit erheblichen Unwägbarkeiten verbunden ist, präsentiert sie sich derzeit für Arbeitnehmer positiv. Deutschland erlebt im Augenblick die niedrigste Arbeitslosigkeit seit der Wiedervereinigung. Dazu gesellt sich die höchste absolute Beschäftigung von Arbeitstätigen in einem sozialpflichtigen Angestelltenverhältnis. Die Aussichten stimmen nicht uneingeschränkt zuversichtlich. Aber Deutschland schlägt sich – im Vergleich zu den umliegenden Ländern – wacker. Der Export trübt sich derzeit ein wenig ein. Das Wachstum – und die damit verbundene Jobsicherheit – wird von der Inlandsnachfrage aufgefangen.

Zustrom von Flüchtlingen

In der VUCA-Welt haben einige wenige eine Völkerwanderung vorausgesagt. Meistens jedoch aus Gründen der Umverteilung. Auch in diesem Fall hat die Realität die Prognosen überholt. Die weltweite Verbreitung von Nachrichten über TV, Internet, Social Media und Telekommunikation präsentierte Deutschland als ein bevorzugtes Gastgeberland. Und der Zustrom der Flüchtlinge wurde im Jahr 2015 mit mehr als einer Million beziffert.

Auch in diesem Fall überlasse ich der Geschichte die Interpretation der Ereignisse. Vieles spricht dafür, dass Deutschland zum richtigen Zeitpunkt eine Bevölkerungszuwanderung erlebt, zumindest wenn wir keinen Bevölkerungsschwund sehen wollen. Als sicher gilt jedenfalls, dass die Flüchtlingsfragestellung als Konjunkturprogramm fungiert. In diesem Zusammenhang wird von 0,5 Prozent zusätzlichem Wachstum im Jahr 2015 ausgegangen. Es ist auch klar, dass lediglich 10 bis 15 Prozent der Zuwanderer über eine Ausbildung verfügen, die derzeit nachgefragt wird. Aber auch diese Gruppe steht nicht im Wettbewerb zu hiesigen Arbeitskräften.

Bereits beim Zuzug der Südeuropäer haben wir gesehen, wie lange der Integrationsprozess gedauert hat. Spanische, portugiesische und griechische Akademiker haben häufig als Au-Pair gearbeitet, um Sprache und Kultur zu lernen. Hier stellt sich die berechtigte Frage, wie lange Zuzügler aus dem arabischen Sprachraum benötigen, bevor sie einsatzfähig sind. Das Job- und Bewerbungsportal Karrierebibel.de listet auf, welche Stellen zusätzlich vergeben werden:

- 20.000 bis 25.000 neue Lehrer

- 20.000 Mitarbeiter im öffentlichen Dienst

- 15.000 Polizisten

- 50.000 Sozialarbeiter

- 6.000 Ärzte

Und dabei handelt es sich lediglich um einen Auszug. Langfristig sind die Asylsuchenden mit großer Wahrscheinlichkeit ein Gewinn für Deutschland. Hier denken gar die Eltern in Generationen. Kurzfristig kann in keinerlei Weise von einer Bedrohung für hiesige Bewerber ausgegangen werden.

Einige meiner Klienten haben über das BAMF (Bundesamt für Migration und Flüchtlinge) eine Arbeitsstelle erhalten. Gerade auch solche, die bis dahin Schwierigkeiten hatten, einen neuen Job zu finden, zum Beispiel Sozialarbeiter ohne Berufserfahrung. Von dieser Seite sind die Aussichten also auch positiv für Bewerber zu bewerten.

Perspektive 2020

Verständlicherweise halte ich mich mit Zukunftsprognosen zurück. Dennoch gibt es einige Kennzahlen, die zumindest eine Vermutung erlauben. Je nach Perspektive können diese allerdings – teils – von anderen Fakten neutralisiert werden. Es ist noch nicht lange her – bis zum Jahr 2010 –, da sprach jede Veröffentlichung der Bundesregierung über die demografische Entwicklung Deutschlands lediglich von einer abnehmenden Bevölkerung. Die Frage war nicht *ob*, sondern *in welchem Maß*! Hochrechnungen ergaben bei gleichbleibenden Umfeldfaktoren eine Einwohnerzahl um die 50 Millionen im Jahr 2060. Die durchschnittliche Anzahl Kinder pro Frau könnte diese Zahl leicht beeinflussen. Dazu kommt natürlich die Einwanderung. Zu diesem Zeitpunkt wanderten aber mehr Bundesbürger aus, als dass Neuzugänge zu verzeichnen waren.

Es war keineswegs absehbar, dass sich daran bald etwas ändern würde. Aber auch die Zuwanderung, zunächst aus den südeuropäischen Ländern und später aus dem mittleren Osten, hat nur einen marginalen Einfluss auf die Fundamentaldaten der Bundesrepublik. Die geburtsstarken Jahrgänge gehen in Rente und „von unten" kommt wenig nach:

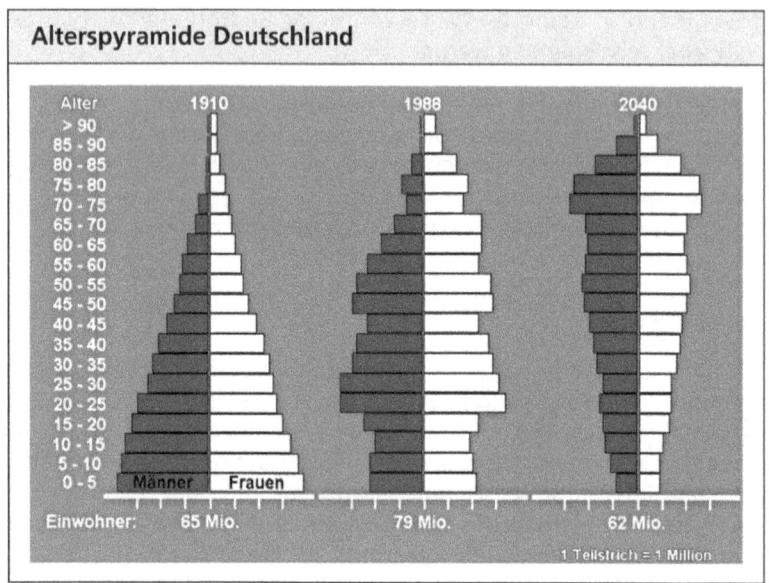

Quelle: Statistisches Bundesamt

Auch von dieser Seite betrachtet, sieht die Arbeitsmarktlage, zumindest aus heutiger Sicht, für Arbeitnehmer positiv aus. Aufgrund der Verknappung der Arbeitskräfte (die offizielle Statistik zeigte vor wenigen Jahren noch 5 Mio. Arbeitslose – eine Zahl, die sich heute nahezu halbiert hat) wird jeder einzelne Mitarbeiter, relativ gesehen, „wertvoller".

Natürlich ist dies eine optimistische Darstellung. Eine zunehmende Digitalisierung bedroht möglicherweise Arbeitsplätze (schafft dafür aber wieder andere). Die Globalisierung ermöglicht den Zuzug billiger Arbeitskräfte (wobei wir dieses Thema bereits ansprachen und gar sehen, dass nun zum Beispiel qualifizierte Spanier in ihre Heimat zurückkehren, nachdem sich die wirtschaftliche Situation dort aufhellt).

In allem stellt sich die Frage, warum es dann noch immer so schwer ist, einen Job zu finden. Selbstverständlich können wir alle Schuld auf die Arbeitgeber schieben, die – wenn man hartnäckigen Gerüchten Glauben schenken darf – keinen mehr über 50 einstellen, nicht über 8,50 Euro pro Stunde bezahlen, dafür aber zehn Jahre Berufserfahrung und am liebsten eine Promotion erwarten. Diese Geschichten stimmen – zum Teil! Wenn ja, dann werden sie in den Medien ausgeschlachtet und verbreiten sich digital in Windeseile. Es ist aber einfach unrealistisch, diese Erfahrungen zum Standard in Deutschland zu deklarieren.

Wie auch das Buch *Mythos Fachkräftemangel* von Martin Gaedt gezeigt hat, ist kein „reales" Problem vorhanden zwischen Angebot und Nachfrage auf dem Arbeitsmarkt. Jedoch gelingt es nicht, dass Arbeitgeber und Arbeitnehmer zusammenfinden. Das ist einerseits den Arbeitgebern zu verdanken, die noch nicht wahrhaben wollen, dass sich die Welt in den vergangenen fünf Jahren gewandelt hat. Das ist aber auch den Arbeitnehmern geschuldet, denen meist nichts oder wenig anderes einfällt, als bei Stepstone oder Monster nach einer passende Stelle zu suchen. Und wenn doch, werden häufig Bewerbungen versendet, die nicht im Entferntesten erahnen lassen, über welche Kompetenzen die Bewerber verfügen und warum ein Arbeitgeber sich ausgerechnet für sie entscheiden sollte. Doch auch Arbeitgeber werden zunehmend unruhig.

Beispiel:

Vor wenigen Monaten wurde ich von einem Stuttgarter Bauunternehmen eingeladen. Ich sollte dort für die Führungskräfte ein Training zum Thema „Bewerbungsgespräche sicher führen" abhalten. Der Grund: Dieses Unternehmen sah sich nicht länger in der Lage, diejenigen Mitarbeiter für sich zu gewinnen, die es gern einstellen wollte. Zu stark war der Wettbewerb auf der Unternehmensebene in der Region. Dabei handelte es sich – spannenderweise – nicht um die vielzitierte Generation Y. Vielmehr rang das Unternehmen um erfahrene Fach- und Führungskräfte um die 50. Auch wenn wir vielleicht keinen Fachkräftemangel erleben, wird der Arbeitnehmermarkt knapper und die Rahmenbedingungen haben sich für Arbeitgeber spürbar geändert.

Dies war ein Beispiel aus dem Baugewerbe. Ich bin häufig in diakonischen Krankenhäusern in Hamburg und Frankfurt für Führungstrainings unterwegs. Da sieht die Welt schon anders aus. Wer heute in der Pflege arbeiten will, kann sich den Arbeitgeber wirklich aussuchen. Aber auch Mediziner, die bereit sind, in einem Krankenhaus abseits der großen Metropolen zu arbeiten, haben freie Auswahl. Regelmäßig berichten mir Chef-Ärzte aus der „Provinz", dass sie nur noch mit ausländischem medizinischen Personal arbeiten. Das sind keine rassistischen Äußerungen – aber die Verständigung stellt sich meist als große Herausforderung dar. Deutsche Fachkräfte für derartige Positionen zu gewinnen gelingt hingegen nicht.

Warum die klassische Bewerbung nicht länger funktioniert

Mönchengladbach. Ich werde von einem befreundeten Unternehmer angerufen, ihn bei der Nachfolge zu unterstützen. Seine Vorstellungen sind recht klar. Er sucht einen männlichen, vertriebsorientierten Geschäftsführer von über 50 Jahren. Nur leider kann er das so nicht in einer gewöhnlichen Stellenanzeige kundtun. Das AGG (Allgemeines Gleichbehandlungsgesetz vom August 2006) sieht in solchen Aussagen eine Diskriminierung und erlaubt lediglich, die Qualifikation als Suchkriterium zu veröffentlichen. Das ist zwar gut gemeint, könnte man denken, aber die Konsequenz daraus lautet: Die Mehrzahl der Bewerbungen kommt für ihn nicht infrage.

Zweitens erhält er die Anzeigen als E-Mail mit PDF-Anlage. Er muss sich entscheiden, ob er jede Nachricht vollständig ausdruckt, teilweise oder nur von denjenigen Bewerbern, die bei ihm nach einer ersten Durchsicht einen guten Eindruck hinterlassen haben. Er hat die Erfahrung gemacht (die sich übrigens auch in diesem Prozess bestätigt), dass gute Kandidaten schnell „vom Markt" sind. Daher macht er es anders als in „guten alten Zeiten". Er sammelt nicht erst drei Wochen lang Bewerbungen, bevor er mit der Personalauswahl weitermacht – im Gegenteil. Rasch lädt er erste Kandidaten zu einem persönlichen Kennenlernen ein. Währenddessen gehen weitere Bewerbungen ein – und für dieses überschaubare Unternehmen ist die korrekte Verwaltung und die entsprechende Kommunikation mit den Kandidaten eine gute Herausforderung. Gespräche finden in unterschiedlichen Stadien statt. Bewerber, die sich später melden, haben es schwieriger, in den Wettbewerb zu treten gegenüber solchen Kandidaten, mit denen bereits ein zweites Gespräch geführt wurde. In allem ist die Herausforderung, den Überblick zu behalten, groß.

Beispiel:

Ein Kandidat hat seiner Bewerbung ein unvorteilhaftes Bild beigefügt. Mein Auftraggeber meint: „Den will ich nicht, der ist mir auf dem Bild schon unsympathisch." Erst auf mein Zureden hin – und weil der Kandidat über die erforderliche Qualifikation verfügt – wird er eingeladen. In Wirklichkeit stellt er sich ganz anders dar, als vom meinem Mandaten angenommen. Er erhält den Zuschlag.

Meine Beobachtung: Viele Bewerbungen hätten sich Kandidaten ersparen können, wenn es möglich gewesen wäre, die Einstellungskriterien genauer zu definieren. Weitere Feststellung: In der digitalen Welt ist es – zumindest für einen Mittelständler (und dazu zählen lt. statistischem Bundesamt www.destatis.de über 99 Prozent der deutschen Unternehmen) – schwer, den Überblick im Bewerbungsprozess zu behalten. Außerdem: Offensichtlich erhält nicht zwingend der kompetenteste Kandidat den Job, sondern die Person, die als am meisten geeignet wahrgenommen wird. Es handelt sich also um einen mühsamen Prozess mit vielen Playern, sehr viel Energie auf allen Seiten und einem ungewissen Ausgang. Wenn dazu noch die Erkenntnis in Betracht gezogen wird, dass 30 Prozent aller Arbeitsverträge innerhalb der Probezeit wieder aufgelöst werden, ähnelt es einem Lottospiel, ob Arbeitgeber und Arbeitnehmer zusammenfinden.

Fehler im System

Bereits Prof. Dr. Armin Trost (Professor für Personalmanagement an der Hochschule Furtwangen) stellte fest, dass die Herausforderungen des Katz-und-Maus-Spiels weniger mit der Qualifikation der Bewerber als mit dem System zu tun hatten. Er schickte die Idealkandidaten Christian Blank und Markus Unterberger auf 100 Stellen ins Rennen. Bei diesen Bewerbern, 31 und 26 Jahre alt, mit Erfahrung als Unternehmensberater, Wirtschaftsdiplom der Uni Erlangen (Note: 1,3), MBA der University of Georgia (USA) und einem Abitur-Durchschnitt von ebenfalls 1,3 zuzüglich vielfältiger internationaler Praktikumserfahrungen, unter anderem in Australien und Italien, sollte jedem Personalleiter der Mund wässrig werden.

Die Realität: Die Herren wurden auf 100 Bewerbungen lediglich viermal zu einem Vorstellungsgespräch eingeladen. Dies mag einerseits ein Trost für das angeschlagene Selbstwertgefühl enttäuschter Bewerber sein. Die Linderung der Schmerzen hält allerdings nur kurz. Denn dahinter verbirgt sich die Erkenntnis, dass das System nicht funktioniert.

Da diese Einsicht auf beiden Seiten – Bewerber und Arbeitgeber – reift, sind viele Unternehmen nicht länger bereit, den Weg der klassischen Bewerbung zu gehen. In der Schweiz, wo die Arbeitslosigkeit weniger als 3 Prozent beträgt, hat die traditionelle Anzeige ausgedient. Aber auch in der Bundesrepublik setzt sich die Einsicht durch, dass die besten Kandidaten einfach unerreichbar sind. Sie suchen weder bei Monster & Co., noch lesen sie Stellenanzeigen.

Auf dem Vormarsch: Initiativbewerbungen

Und den Pool mit 2,5 Millionen Bewerbern hat bereits Fredmund Malik als irrelevant abgestempelt. Wenn wir hier ganz global (nur damit wir einen Eindruck gewinnen) von einer halben Million Jugendlichen sprechen ohne Schulabschluss, schrumpft der Pool entsprechend. Ziehen wir nochmals eine weitere halbe Million über 55-Jährige ab, die zwar noch in der Statistik geführt werden, es aber aufgegeben haben, noch eine neue Stelle zu suchen. Darüber hinaus lebt eine weitere Million Menschen in den neuen Bundesländern, die nicht bereit sind, umzuziehen (wie übrigens 70 Prozent aller Jobsuchenden). Übrig bleibt so in etwa eine letzte halbe Million vermittelbare Personen, die flexibel sind, qualifiziert und dort bereit zum Einsatz, wo die Arbeit ruft.

Vielen Unternehmen ist dies zu wenig. Wie die Schweiz gehen sie andere Wege: Netzwerke werden aktiviert, Personalberater eingeschaltet, Interim-Manager abgeworben, Zeitarbeiter übernommen. Initiativbewerbungen gewinnen an Bedeutung. Unternehmen schauen selbst in sozialen Netzwerken wie XING und LinkedIn.

Die Konsequenz: Die klassische Bewerbung verliert an Gewicht. Wenn der potenzielle Arbeitgeber uns googelt und erst gar keine Stellenanzeige mehr aufgibt, wird es zunehmend wichtiger, was über uns auffindbar ist. Wie gut ist unsere digitale Reputation? Was sagen die ersten zehn Treffer bei Google über uns aus? Unternehmen benötigen gar keinen Lebenslauf, sondern lassen sich lenken vom ersten Eindruck, der entsteht, nachdem sie sich auf YouTube den Mitschnitt einer Ansprache von uns bei einem Fachkongress angesehen haben, die Anzahl der Empfehlungen auf LinkedIn, die Diskussionen, die wir auf unserer Facebook-Seite führen oder die Follower auf Twitter. Unser Personal Branding geht weit über die traditionelle Papierbewerbung hinaus!

Eine zufällige Entdeckung

Februar 1989. Es liegen zehn Jahre Yves Rocher in den Ländern Österreich, Luxemburg und Deutschland (Stuttgart) hinter mir. Zum ersten Mal frage ich mich ernsthaft, wie der nächste Schritt aussehen soll. Was machen andere in einer solchen Situation? Nun, viele werden eine Zeitung kaufen und sich informieren, welche Stellen angeboten werden.

Beim Anblick der Zeitung merke ich ein vages Unbehagen. Ich sehe die Zeit vor mir, die erforderlich ist, mich mit den Stellenausschreibungen zu befassen. Zwei bis drei Stunden rechne ich pro Bewerbung ein. Mir ist klar, dass ich nicht der Einzige bin, der sich auf eine freie Position bewirbt. Da ich weiß, wie ich selbst funktioniere, kann ich mir vorstellen, wie der Auswahlprozess abläuft. Das Problem: Es gibt keine objektiven Kriterien. Die vergangenen zehn Jahre habe ich gesehen, dass beispielsweise die Ausbildung nur begrenzt für den Erfolg verantwortlich ist. Ich war Zeuge, als dem promovierten Leiter des Versandlagers gekündigt wurde. Warum? Seine Kommunikation irritierte, er konnte Mitarbeiter nicht für sich gewinnen. Der Controller dagegen zeigte neben seiner Fachkompetenz eine hohe Empathie und erreichte seine Ziele. Mir wurde bewusst, dass ein Arbeitgeber wahrscheinlich „eine geheime Agenda" vor Augen hatte – da die „hardfacts" allein wohl kaum über Erfolg entscheiden. Beim Nachfolger des Versandleiters wurde dann eine erhöhte Aufmerksamkeit auf seine Kommunikationsbereitschaft gelegt.

So war ich mir sicher, dass es neben den beschriebenen Anforderungen in den Stellenanzeigen noch eine Reihe weiterer Kriterien gab, die von Bedeutung waren. Vielleicht das Geschlecht? Oder das Alter? Möglicherweise war Berufserfahrung bei verschiedenen Arbeitgebern gewünscht. Wurde der Spezialist gesucht? Oder eher der Generalist? Auf dies alles konnte man bei den meisten Anzeigen keine Rückschlüsse ziehen, geschweige denn auf den Sympathiefaktor. Schließlich hatte ich gesehen, wie die Fachabteilungen Bewerbungen aussortiert hatten. Nicht selten war ein unsympathisches Gesamtempfinden das Ausschlusskriterium.

Ich stellte mir vor, wie aufwendig die Suche nach einer neuen Arbeit für mich sein würde. Und wie gering die Chance – rein statistisch –, dass ich die eine Stelle bekommen würde. Dazu kam noch ein anderes Element. Es wurden harte und weiche Kriterien im Anforderungsprofil gefordert. Diese konnte ich vielfach nur zu 60 oder 70 Prozent erfüllen. Was aber war in solchen Fällen menschlicher als die Kreativität? Schließlich fiel mir doch noch eine (einzelne) Situation ein, in der ich die geforderte Leistung unter Beweis gestellt hatte. Und sind wir nicht alle auf irgendeine Weise teamfähig, einsatzbereit und ergebnisorientiert?

Diese Gedanken waren zunächst sehr unbefriedigend. Ich suchte nach einer anderen Möglichkeit, die mit weniger Aufwand – und einer höheren Authentizität – mehr Erfolg bringen würde. Denn war ich wirklich gut beraten, mich zu verstellen? Wenn die fehlenden 40 Prozent meines Profils tatsächlich von Bedeutung waren, würde ich (und der Arbeitgeber) dann langfristig zufrieden sein? Eigentlich suchte ich einen Arbeitgeber, der glücklich war mit mir: mit meiner Fachkompetenz und meiner Persönlichkeit. Am liebsten würde ich mich möglichst offen beschreiben und auf dem Arbeitsmarkt positionieren. Der Gedanke schien naiv und erinnerte ein wenig an einen einfachen Marktplatz. Der Apfelverkäufer bietet seine Waren feil. Manche bevorzugen feste Äpfel, andere die säuerlichen, wieder andere die süßen Varianten. Wie einfach wäre das Leben als Bewerber, wenn man sich authentisch darstellen könnte – der passende Arbeitgeber müsste nur noch „zuschlagen". Wie konnte ich diese einfachen Prinzipien auf einen großen Arbeitsmarkt übertragen? Ich kannte einerseits nicht alle Branchen, die für mich infrage kamen. Auch gab es vielleicht Funktionen, an die ich gar nicht gedacht hatte. Geschweige denn an das geografische Ausmaß des Marktes, auf dem ich präsent sein wollte.

Ohne Anregung von außen habe ich 1989 – aus einem Impuls heraus – Folgendes ausprobiert. In der Mittwochsausgabe der FAZ (dieser Service wurde später auf Samstag umgestellt) konnte man immer die Stellensuchanzeigen lesen. Das waren Inserate von Personen, die über diesen Weg den nächsten Karriereschritt anstrebten. Für einen überschaubaren Betrag gab schließlich auch ich eine einspaltige Anzeige als „Leiter Materialwirtschaft" auf, unter Chiffre. Ich hatte versucht, mich möglichst genau zu beschreiben. Ausbildung, Fachkompetenz, Branchenerfahrung, Alter, Persönlichkeitsmerkmale. Ich fand das ganz spannend und stellte mir vor, wie Tausende Personalchefs meine Anzeige lesen würden. Das Ergebnis war verblüffend: Ich erhielt 68 qualifizierte Rückmeldungen. Sie kamen gebündelt in vielen Kuverts von der FAZ. Es war wie Weihnachten! Die Spannung stieg bei jedem Kuvert, das ich öffnen durfte. 70 Prozent aller Rückmeldungen stammten von Personalberatern. Der Rest waren direkte Kontaktaufnahmen von Unternehmen. Manche Rückmeldungen klangen vage. Der Adressat erbat lediglich meine Bewerbungsunterlagen. Viele gaben sich jedoch Mühe, um eine Rückmeldung zu erhalten. Sie beschrieben die Funktion im Einzelnen oder legten eine Stellenbeschreibung mit Anforderungsprofil bei.

In dieser Zeit hielt der PC Einzug in das Wohnzimmer etlicher Privatpersonen. Ein guter Freund hatte sich ebenfalls einen gekauft. Sofort erkannte ich die Chancen. Alle 68 Zusendungen bezogen sich auf die eine von mir aufgegebene Anzeige. Somit konnte ich allen Interessenten eine fast identische Rückmeldung zusenden. Die Anrede änderte sich natürlich jeweils. Und bei mir bekannten attraktiven Arbeitgebern oder renommierten Headhuntern habe ich etwas mehr Begeisterung durchklingen lassen als beim Rest. Im Großen und Ganzen könnte man jedoch von einer „Standardisierung" sprechen. Statt zwei oder drei Stunden mit einer einzelnen Rückmeldung zu verbringen, hatte ich lediglich einmalig ein brauchbares Muster erstellt. Dabei hatte ich auf höchste Qualität geachtet. Das fiel nicht besonders schwer. Denn die Zeit, welche ich bei der individuellen Rückmeldung gewann, konnte ich in die Qualität des Musters investieren.

Das Ergebnis war eine Reihe von Einladungen zu einem Vorstellungsgespräch. Die Quote lag deutlich höher als bei den Reaktionen auf eine ausgeschriebene Stelle – verständlicherweise. Denn in diesem Fall hatte bereits eine Vorauswahl stattgefunden. Letztlich lagen vier Optionen vor.

Diese Erfahrung liegt heute über 25 Jahre zurück. Dennoch hat sie mein Bewerbungsverfahren der darauffolgenden Jahre geprägt. Der größte Gewinn war die Bestätigung für mich, wie relativ einfach es war, einen Job zu finden. Auch hat diese Erfahrung mich dazu ermutigt, meine eigene Persönlichkeit immer offen und authentisch darzustellen. Plötzlich kam es bei mir zu einem Perspektivenwechsel.

Nicht die Stellen waren das Problem – Arbeitgeber und Arbeitnehmer fanden nicht zueinander.

Bei meiner nächsten Neuorientierung habe ich dann, zusätzlich zu einer Anzeige in der FAZ, Headhunter direkt angesprochen. Hinzu kamen Initiativbewerbungen.

Mit der Digitalisierung veränderte sich die Welt immer mehr. Das Internet machte vieles noch einfacher. Es war möglich, den Lebenslauf bei führenden Internetportalen zu hinterlegen. Auch die Vorab-Recherche für Initiativbewerbungen gestaltete sich weniger aufwendig.

Heute erhält man sicherlich keine 68 Reaktionen auf eine einzige Stellensuchanzeige. Der Arbeitsmarkt verändert sich. Aber die Prinzipien bleiben die gleichen.

Noch immer sehe ich den Vorteil darin, die althergebrachten Bewerbungsprinzipien „auf den Kopf" zu stellen und den Spieß umzudrehen. Die Nachteile des gängigen Bewerbungsverfahrens fasse ich noch einmal zusammen:

- Der Zeitaufwand ist relativ hoch.

- Sie bewerben sich zusammen mit einer größeren Anzahl an Mitbewerbern.

- Die prozentualen Chancen, die Stelle zu bekommen, sind sehr gering.

- Häufig gleicht der Bewerber sein Profil der Stelle an.

- Wer sich verstellt, schadet sich selbst und dem Unternehmen langfristig.

- Nur 30 Prozent der offenen Stellen sind ausgeschrieben.

Während meiner Coaching-Tätigkeit habe ich festgestellt, dass 95 Prozent der Bewerber traditionell vorgehen. Aus der Gesamtbetrachtung heraus macht dieses Verfahren wenig Sinn. 95 Prozent aller Bewerber konzentrieren sich auf 30 Prozent der verfügbaren Stellen. Im Führungsbereich spricht man von 20 Prozent. Daher lautet der Umkehrschluss:

Es macht mehr Sinn, wenn Sie zu den 5 Prozent der Bewerber gehören, die sich auf die 70 Prozent (oder im Führungsbereich 80 Prozent) der Vakanzen fokussieren.

FAQ

Frage: *Warum gibt es den verdeckten Arbeitsmarkt? Es ist doch wesentlich einfacher für Unternehmen, eine Stelle öffentlich auszuschreiben. Sie können dann „aus dem Vollen schöpfen" ...*

Antwort: *Diese Frage erscheint logisch. Dennoch gibt es mindestens drei Gründe, warum viele Unternehmen sich anders entscheiden.*

---

1. Kosten

Eine ganzseitige Anzeige kostet in der Samstagsausgabe der FAZ oder SZ (laut Listenpreis) rasch um die 60.000 Euro oder mehr. Auch wenn noch Agentur- und Mehrfachbucher-Rabatte abgezogen werden, stellt das traditionelle Verfahren für ein Unternehmen eine bedeutende Investition dar. Natürlich gibt es günstigere Alternativen (z. B. Jobbörsen) oder die Veröffentlichung auf einer Website. Dennoch ist das Kostenargument für viele Arbeitgeber nicht unerheblich.

2. Aufwand

Bedeutender ist die Frage nach dem Aufwand. Die Personalabteilungen haben in den vergangenen Jahren Wechselbäder erlebt. Bis Ende der 1980er-Jahre waren sie meist gut ausgestattet. Dann fielen sie im nächsten Jahrzehnt einem Kahlschlag zum Opfer. Davon haben sich bis heute nur wenige erholt, obwohl die strategische Personalarbeit heute von existenzieller Bedeutung ist. In vielen mittelständischen Unternehmen, aber auch bei Konzerntöchtern wurde die Personalabteilung „outgesourced". Auf gut Deutsch: Sie wurde vielfach auf die Gehaltsabrechnung reduziert – und diese wird extern vergeben. Nicht selten kümmert sich lediglich eine Halbtagskraft um die Koordination mit dem externen Büro.

Für solche Unternehmen stellt sich natürlich die Frage, wie ein Bewerbungsverfahren adäquat abgewickelt werden kann. Soll die Fachabteilung den Prozess übernehmen? Die Gestaltung der Anzeige, die Bearbeitung der Bewerbungseingänge, den zwischenzeitlichen Kontakt mit den Kandidaten? Wer soll Absagen schreiben und die Unterlagen zurücksenden? Da macht es doch durchaus Sinn, für einen Arbeitgeber nach anderen Wegen zu suchen:

Wer hat eine Initiativbewerbung geschickt? Kann nicht das Personalüberlassungsunternehmen, welches schon drei Jahre für uns arbeitet, ohne viel Aufwand (am besten mündlich) damit beauftragt werden? Oder fragen wir zunächst einmal nach Empfehlungen aus der Belegschaft, wenn wir die Bewerbung intern ausschreiben?

3. Inkompetenz bei der Auswahl

Das wohl mit Abstand wichtigste Kriterium für den verdeckten Arbeitsmarkt ist für Unternehmer der Zweifel bei der Personalauswahl. Wir sollten nicht vergessen, dass Bewerber heute exzellent geschult sind. Sie lesen Bewerbungsbücher. Es gibt Seminare, telefonische Beratung, Kolumnen. Sie haben die vielfache Möglichkeit, sich auf das Bewerbungsverfahren vorzubereiten. Manche Kandidaten nehmen ein Coaching in Anspruch. Andere werden vom Outplacement-Berater trainiert. Kurz: Der Bewerber weiß, was ihn erwartet. Mit jedem Gespräch fühlt er sich sicherer. Er weiß um seine Schwächen und arbeitet daran.

Für den häufig etwas überforderten Fachbereichsleiter ist die Situation nicht ganz leicht. Die FAZ titulierte einst einen diesbezüglichen Artikel mit „Die Angst des Interviewers". Dieser arme Mensch kann ein herausragender Laborleiter, ein toller Ingenieur oder auch ein hoch qualifizierter Qualitätsmanager sein. Sie alle eint die Tatsache, dass sie nie gelernt haben, ein strukturiertes Interview zu führen. Das erscheint zwar alles nur begrenzt tragisch – wenn nur die Reichweite nicht so bedeutend wäre. Bei Fach- und Führungspositionen spricht man heute von ein bis zwei Jahresgehältern, die in den Sand gesetzt werden, wenn man die falsche Person an Bord holt. Das ist die finanzielle Seite. Noch dramatischer ist die Tatsache, dass sich ein Unternehmen erneut auf START befindet, falls man sich für den Falschen entschieden hat.

Selbst wenn es eine Personalabteilung geben sollte, reduziert dies die Schwierigkeiten nur bedingt. Logischerweise muss nämlich später die Fachabteilung mit dem neuen Mitarbeiter zusammenarbeiten. Auch wenn die Personalabteilung Bedenken äußert, ist das häufig nicht hilfreich. Dafür spielt der Sympathiefaktor meistens eine zu wichtige Rolle. Im Klartext: Die Fachabteilung trifft selten die Entscheidung für den Favoriten der Personalabteilung, wenn die persönliche Überzeugung fehlt. Der Personaler wird jedoch auch nicht beharren, um nicht eines Tages „den Schwarzen Peter" zugeschoben zu bekommen. Nichts wäre einfacher für die Fachabteilung, als bei einer Fehlentscheidung (natürlich verdeckt) zu äußern, „dass man von Anfang an schon ein schlechtes Gefühl bei dem Bewerber hatte ...". Sicherlich ist diese Darstellung vereinfacht und etwas überspitzt. Aber die Prinzipien zeigen sich tagtäglich!

Wie sieht auch hier die Lösung des Problems aus? Der Unternehmer geht den „sichereren Weg". Er beauftragt beispielsweise einen Personalberater. Oder arbeitet mit der ZAV (Managementvermittlung) in Bonn zusammen. Schließlich handelt es sich dabei um Personen, deren primäres Metier die Personalsuche ist. Zusätzlich minimiert er das Risiko, indem er auf Empfehlungen oder Initiativbewerbungen reagiert. Vielleicht arbeitet er aber auch mit einem Interim-Manager zusammen, den er später bei Bedarf fest einstellen möchte. Ist alles schon vorgekommen!

Ich wiederhole: Es ist strategisch sinnvoll, wenn Sie zu den 5 Prozent der Bewerber gehören, die sich auf 70 Prozent der offenen Stellen konzentrieren.

Dieses Buch befasst sich damit, wie ein solcher Bewerbungsprozess konkret vor sich geht. Ich werde Sie Schritt für Schritt dabei begleiten. Und noch eines vorab: Auch wenn dieses Verfahren Sinn macht, gibt es keinen „einfachen Weg" zum Erfolg – im Gegenteil. Ich rate davon ab, „schnell aus der Hüfte zu feuern". Sie verkraften es vielleicht zwei- oder dreimal, den falschen Job zu überleben. Aber dann ist Ihr Lebenslauf – im schlimmsten Fall – für immer zerstört. Außerdem sind Sie verunsichert. Und es wird immer problematischer, mit dem falschen Muster weiterzumachen.

Der Bewerbungsprozess – in vier Schritten zum Erfolg

Kapitel für Kapitel befassen wir uns mit den wesentlichen Schwerpunkten und Fragen, auf die es im gesamten Bewerbungsprozess ankommt:

1. Delphi: Erkenne dich selbst

2. Mein Profil: Ein neuer Blick auf meine Vita

3. Bewerbungsunterlagen: Die Verpackung meiner Persönlichkeit

4. Den verdeckten Arbeitsmarkt erschließen

Ich lade Sie ein, sich mit sich selbst zu befassen. In meinen Seminaren rate ich den Teilnehmern immer dazu, sechs Wochen auf Hawaii zu verbringen, um sich über sich selbst klar zu werden. Denn das ist der entscheidende erste Schritt:

Sie müssen wissen, wer Sie sind, was Sie können und was Sie wollen.

Dann können wir gemeinsam herausfinden, wie Sie diese Erkenntnisse optimal umsetzen (in Ihren Bewerbungsunterlagen verpacken, im Vorstellungsgespräch kommunizieren). Am Ende werden Sie in der Lage sein, sich selbst auf dem verdeckten Arbeitsmarkt zu positionieren.

Delphi: Erkenne dich selbst

1

Die eigenen Stärken und Schwächen

Der Überlieferung nach stand über dem Eingang des antiken Tempels zu Delphi der Spruch „Erkenne dich selbst". Wenn uns diese Aussage nach 3.000 Jahren immer noch bewegt, muss wohl etwas Wahres dahinterstecken. Und in der Tat ist für eine (erfolgreiche) Lebensplanung nichts bedeutender, als sich seiner eigenen Stärken und Schwächen bewusst zu sein. Gerade von Führungskräften wird mehr denn je die Fähigkeit der Selbstreflexion erwartet. Wer andere führt, muss sie auch verstehen. Und Verständnis für andere fängt beim Selbstverständnis an!

Häufig sind wir so sehr in Eile, dass keine Zeit für das Wesentliche bleibt. Wir wissen nicht, wer wir sind, und können dies anderen ebenso wenig beschreiben. In Vorstellungsgesprächen stelle ich manchmal die Frage: „Frau Meyer, wir haben uns nun über Ihren Werdegang und Ihre Fachkompetenz unterhalten. Aber kommen wir mal zu Ihnen als Person. Wie beschreiben Sie Ihre Persönlichkeit?" Dann nimmt mein Gegenüber häufig eine abwehrende Körperhaltung an, holt tief Luft und meint: „Herr Zeylmans, das ist aber eine schwierige Frage …" So ganz kann ich das nicht nachvollziehen. Jemand, der 40 Jahre alt ist, hat doch Zeit genug gehabt, sich selbst zu beobachten.

Wir leben hier in Deutschland. Es ist uns Deutschen gemeinhin eigen, dass wir uns eher auf unsere Schwächen konzentrieren. Ich selbst bin Holländer. In den Niederlanden herrscht eine optimistischere Lebenseinstellung vor. Dreimal habe ich für einen amerikanischen Konzern gearbeitet. Deshalb war ich auch häufig in den USA. Es hat mich frappiert, dass die Amerikaner wesentlich mehr stärken-orientiert denken und leben als die Deutschen. Gewiss liegt die Wahrheit irgendwo in der Mitte. Aber die Amerikaner haben eines verstanden: Dass man seine Stärken mit den entsprechenden Anforderungen in Einklang bringen soll:

Beim Erschließen des verdeckten Arbeitsmarktes ergeben sich viele Vorteile. Eine Hauptaufgabe steht jedoch ganz am Anfang: Erkenne dich selbst! Denn auf dem verdeckten Arbeitsmarkt müssen Sie sich mit Ihrem Profil positionieren. Sie betreiben Marketing in eigener Sache. Sie sagen, wer Sie sind, was Sie können und stellen fest, wer sich für Sie interessiert.

Vor wenigen Tagen war ich in Hamburg mit dem Taxi unterwegs. Der Taxifahrer war Perser. Er hatte in Deutschland Ingenieurwesen studiert und zwölf Jahre bei einem Medizintechnikunternehmen im Vertrieb gearbeitet. Vor zwei Jahren verlor er dann seinen Job. Und wusste nicht, wie er zu einer vergleichbaren Stelle finden sollte. Auf der Quittung unterschrieb er über dem Stempel mit Dipl.-Ing. Diese Geschichte geht mir noch immer durch den Kopf. Auch seine Quittung liegt noch auf meinem Schreibtisch. Dies ist für mich ein Beispiel für jemanden, der Stärke vorweist, sie aber derzeit nicht in seinem Umfeld einsetzt. Vielleicht kann man gar umgekehrt sagen: Er bewegt sich in seinen relativen Schwächen. Denn es gibt viele andere Taxifahrer mit mehr Erfahrung, besseren Hamburg-Kenntnissen und möglicherweise mehr Akzeptanz in diesem Metier.

Deshalb ist es unumgänglich, dass wir uns zunächst mit der eigenen Persönlichkeit befassen und diese möglichst optimal beschreiben können. Dieses Kapitel setzt sich mit Ihrer Person auseinander. Zunächst noch unabhängig von Ihrem beruflichen Werdegang. Im nächsten Kapitel sehen wir dann, wie Sie Ihre Persönlichkeit mit Ihrem Lebenslauf am besten in Einklang bringen, um ein optimales Profil zu finden. Damit können Sie sich anschließend auf dem verdeckten Arbeitsmarkt positionieren.

Innere Motivation

Das Thema ist nicht neu. Und doch ist es von großer Bedeutung. Das Buch von Daniel Pink *Was Sie wirklich motiviert* befasst sich in neuer Form mit der alten Fragestellung.

Auch in einem Video (http://www.youtube.com/watch?v=u6XAPnuFjJc) stellt er fest, dass Geld so lange motiviert, bis die Grundbedürfnisse abgedeckt sind. Ist dies erst einmal der Fall, lässt die Leistung nach.

Diese steigert sich erst dann wieder, wenn Sinn in Tätigkeiten gefunden wird. Als Beispiel führt er *Wikipedia* an. Tausende arbeiten unentgeltlich für die Verbreitung von weltweitem Wissen, weil sie darin eine tiefere Bedeutung sehen.

Bereits vor knapp 100 Jahren fand die Auseinandersetzung mit dem Thema der inneren oder intrinsischen Motivation statt. Dabei fand man heraus, dass ein Mensch von außen nur begrenzt motiviert werden kann. Erhält jemand ein Jahresgehalt von 250.000 Euro, einen Audi A6 und dazu noch eine Beförderung als Senior Vice President Sales und Marketing, darf man von demjenigen erwarten, dass er weitere Aufträge einholt oder neue Projekte initiiert. Wenn Sie es aber mit jemandem zu tun haben, der ungestört arbeiten möchte, kein großer Freund von Veränderungen ist und Zeit benötigt, um Leistung erbringen zu können, wird auch das doppelte Gehalt nicht viel bewirken. Spätestens nach drei Monaten wird besagter Mitarbeiter mit Magenverstimmungen, Schweißausbrüchen und Herzklopfen zur Arbeit fahren. Es ist nur noch eine Frage der Zeit, wann sich der VP mit einer Erschöpfungsdepression im Bett oder in einer Klinik befindet. In einem solchen Fall wird auch die äußere Motivation nicht viel helfen.

William Marston schrieb 1928 das Buch *Emotions of normal people* und befasste sich mit der Frage, warum Leute tun, was sie tun. Was sind Triebfedern und was bewirkt Zufriedenheit? Er teilte die Welt ein nach Personen, welche sich stärker oder schwächer als ihre Umgebung fühlten. Weiterhin differenzierte er, ob jemand sein Umfeld als günstig oder ungünstig ansah. Dabei kam er zu folgendem Ergebnis:

- Personen in der Schnittstelle „Stärker als ihre Umgebung, ungünstiges Umfeld" nannte er **dominant**. Aus der Logik heraus kämpfen sie, wollen gern gewinnen und treten selbstsicher auf. Sie fühlen sich wohl, wenn sie kontrollieren können und die Freiheit haben, eigene Entscheidungen zu treffen.

- Menschen in der Schnittstelle „Stärker als ihre Umgebung, günstiges Umfeld" sind seiner Definition nach **initiativ**. Marston beschreibt sie als optimistisch, kommunikativ und auf Beziehungen ausgerichtet. Sie genießen eine Umgebung, in der man ihre Warmherzigkeit schätzt, die Abwechslung bietet und in der sie im Mittelpunkt stehen können.

- Diejenigen, die sich „schwächer als ihre Umgebung sehen, aber ein günstiges Umfeld wahrnehmen", legen Wert auf Harmonie, Teamarbeit und gegenseitige Unterstützung. Sie werden als **stetig** beschrieben. Diese Personen bevorzugen eine Umgebung, in der klare Erwartungen in einer zwischenmenschlichen Beziehung vorherrschen, ein hohes Maß an Stabilität gegeben und verlässliches Arbeiten möglich ist.

- Personen, die sich „weniger stark als ihre Umgebung wahrnehmen und das Umfeld als ungünstig ansehen", nennt der Autor **gewissenhaft**. Sie beobachten, sind analytisch und darauf bedacht, keine Fehler zu machen. Ihr Ziel: Sie wollen Arbeitsergebnisse in höchster Perfektion erbringen. Sie fühlen sich wohl in deutlichen Strukturen, in denen Entscheidungen nach „richtig oder falsch" getroffen werden können. Zahlen, Daten und Fakten sind ihre Welt.

Aufbauend auf den Erkenntnissen von Marston erhielt Prof. Dr. John Geier Anfang der 1960er-Jahre den Auftrag von der University of Minnesota, ein inneres Motivationsmodell messbar zu machen. Somit übersetzte er die Lehre von Marston in einen Fragebogen, den er wissenschaftlich validieren ließ. Das Ergebnis sah folgendermaßen aus: Zum ersten Mal wurde es möglich, Menschentypen nach akademischen Prinzipien über eine Selbsteinschätzung einzuordnen. Das sogenannte DISG-Modell war geboren. Die ursprünglichen Achsen von Marston ersetzte Geier mit der Typologie „Extrovertiert" und „Introvertiert". Diese kreuzte er mit der Linie „Aufgabenorientiert" beziehungsweise „Menschenorientiert".

Die Begriffe von Marston wurden beibehalten:

- Dominant (Extrovertiert – Aufgabenorientiert)

- Initiativ (Extrovertiert – Menschenorientiert)

- Stetig (Introvertiert – Menschenorientiert)

- Gewissenhaft (Introvertiert – Aufgabenorientiert)

Dieses Modell entwickelte er im Laufe der Jahre weiter und optimierte es. Er stellte fest, dass der dominante Typ nicht zwingend extrovertiert war. Ebenfalls beobachtete er, dass der stetige Typ nicht notwendigerweise als menschenorientiert bezeichnet werden konnte. Seine überarbeitete Fassung sah folgendermaßen aus:

Insgesamt wurden von allen Profilgenerationen über 80 Millionen Exemplare verkauft. Die wissenschaftliche Zuverlässigkeit liegt bei ca. 90 Prozent, was als sehr hoch angesehen werden kann. Das obige Modell wird in Deutschland mittlerweile von der Firma *persolog®*, Remchingen in elektronischer sowie Papierform vertrieben.

Eine Selbsteinschätzung nach den Verhaltenstendenzen dominant, initiativ, stetig und gewissenhaft hat viele Vorteile:

a) Erfolg

Sie werden mit Sicherheit nur langfristig erfüllt sein, wenn der Antrieb für Ihre Arbeit – zu einem erheblichen Teil – mit Ihren Motivationsfaktoren in Einklang steht.

Beispiel:

Für das Controlling einer Tochtergesellschaft der RWE führte ich ein Führungstraining durch. Dabei kam das persolog® Persönlichkeits-Modell zum Einsatz. Die Führungsmannschaft fühlte sich so sehr von diesen Erkenntnissen angesprochen, dass auch jeder Einzelne der 125 Mitarbeiter das Profil ausfüllen sollte. Interessant zu beobachten war, dass bei den Mitarbeitern unter 30 die Typen D, I, S und G fast gleichermaßen verteilt waren. Bei denjenigen Mitarbeitern, die dem Unternehmen über 20 Jahre angehörten, waren G und S zu 90 Prozent vertreten. Die Tätigkeit (analytische Arbeit mit Zahlen in einem stabilen Umfeld) und die Persönlichkeit standen im Einklang.

Aus der Beobachtung heraus sind Personen, welche die Umfeldanforderungen mit dem eigenen Motivationsprofil in Einklang bringen, meist zufriedener, motivierter und auch erfolgreicher.

b) Grundlage für eine authentische Darstellung der Stärken

Sowohl im Anschreiben als auch im Vorstellungsgespräch werden Sie unweigerlich über Ihre Person sprechen. Wenn Sie sich nur über Ihre Ausbildung, Ihre Verantwortungsbereiche sowie Ihre Ergebnisse definieren, fehlt Ihnen noch eine wichtige Erkenntnis. Ihr Gegenüber ist auch an Ihnen als Mensch interessiert. Ich wage zu behaupten, dass 50 Prozent der Entscheidung für (oder gegen) einen Kandidaten mit dessen persönlichen Kompetenzen zusammenhängen. Manche Kandidaten wissen aber nicht, wie sie auf diesem Gebiet überzeugen können. Vor wenigen Monaten rief mich eine Teilnehmerin aus meinem letzten Job-Hunting-Seminar an. Sie hatte mehrere Einladungen erhalten. Die Fachkompetenz war nie das Problem. Doch jedes Mal, wenn sie über sich selbst reden sollte, wusste sie nicht viel mehr zu erzählen, als dass sie hilfsbereit sei und ihre Umgebung sie als sympathisch beschrieb. Es „menschelte" zu wenig.

„Aber wie lernt man menscheln?", fragte sie mich. Sie bat um ein telefonisches Coaching und wir fanden authentische Antworten auf die Fragen nach ihren Verhaltenstendenzen.

1

Wenn mir ein Kandidat bei einem Einstellungsgespräch erzählt, dass er äußerst genau, sehr entscheidungsfreudig, dazu noch überzeugend und gleichzeitig zurückhaltend sowie auf Harmonie bedacht ist, wird das nicht überzeugen. Wahrscheinlich hat er einige Begriffe verwendet, die gerade in der Managementliteratur als bedeutend angesehen werden. Oder der Bewerber hat die Website gelesen und sucht nach Persönlichkeitsmerkmalen, die mit der Unternehmenskultur im Einklang stehen könnten. Doch sehr authentisch klingt die Aufzählung nicht, da sich die Eigenschaften teilweise widersprechen.

Wer in der Lage ist, seine größten Stärken nach den Verhaltenstendenzen D, I, S und G zu definieren, wird auch überzeugen, da die Beschreibung in sich stimmig ist.

c) Nicht bedrohliche Beschreibung der Schwächen

Die meisten Bewerber wissen nicht, wie sie mit ihren Schwächen umgehen sollen. Entweder spricht man gar nicht darüber oder man poliert sie derart auf, dass sie letztlich wie Stärken klingen.

Mithilfe von D, I, S und G ist es möglich, auch Schwächen überzeugend darzustellen. Eine übertriebene Darstellung seiner Stärken kann unter Umständen als Schwäche wahrgenommen werden. Natürlich überzeugen Sie am besten, wenn Sie Ihre Schwächen offen ansprechen. Jedoch sollten Sie diese gleichzeitig mit Aktionen verbinden, die zeigen, dass Sie lernfähig sind.

Beispiel:

Eine **dominante** Person kann beispielsweise sagen: Mir ist Zielerreichung wichtig. Ich bin davon motiviert, messbare Ergebnisse zu liefern. Das kann im Einzelfall bedeuten, dass ich Kollegen nicht ausreden lasse oder ihnen gar ins Wort falle. Ich denke und handle schnell und suche den kürzesten Weg. Mir ist jedoch bewusst, dass ich meine Mitarbeiter mit einbeziehen muss. Daher habe ich gelernt, Fragen zu stellen.

Der **initiative** Typ wird folgendermaßen argumentieren: Ich kann gut präsentieren, überzeugen und motivieren. Mein Umfeld nimmt mich als Gewinner-Typ wahr. Da ich gern kommuniziere, ist die Gefahr vorhanden, dass ich zu viel rede und den roten Faden verliere. Das ist mir bewusst. Deshalb versuche ich, strukturierter zu arbeiten.

Die **stetige** Person könnte vorbringen: Mir ist die Harmonie in einem Team sehr wichtig. In einem solchen Umfeld kann ich zuverlässig arbeiten. Ich unterstütze gern und bin für andere da. Darin sehe ich natürlich auch die Gefahr, dass meine eigene Meinung nicht immer klar erkennbar wird. Deshalb habe ich mir angewöhnt, meine Meinung auch dann offen zu sagen, wenn ich mich damit verletzbar machen könnte.

Der **gewissenhafte** Typ argumentiert vielleicht folgendermaßen: Für mich ist eine hohe Qualität meines Arbeitsergebnisses von größter Bedeutung. Was ist mache, möchte ich richtig machen. Möglicherweise bin ich perfektionistisch veranlagt. Ich habe die Gefahr erkannt, dass ich Deadlines gegebenenfalls nicht einhalte oder zu viel Zeit benötige, um meinen eigenen Ansprüchen zu genügen. Deshalb habe ich mich dazu entschieden, dass 85 Prozent auch gut genug sind. Das bereitet mir zwar jedes Mal ein wenig Bauchschmerzen, aber ich stelle fest, dass meine Umgebung mit meinen Ausarbeitungen außerordentlich zufrieden ist.

Eine einfache Selbsteinschätzung können Sie nachfolgend vornehmen. Selbstverständlich ersetzt dies nicht das wissenschaftliche und kostenpflichtige Profil.

1

Der dominante Verhaltensstil

Stärken
- ergebnisorientiert
- entscheidungsfreudig
- liebt Herausforderungen
- unabhängig
- bringt Dinge ins Rollen
- im Team: richtungsweisender Motor
- in einer Führungsrolle: managt Probleme und vermeidet Unruhe

Schwächen
- ungeduldig
- kontaktarm
- schlechter Zuhörer
- entscheidet evtl. vorschnell
- schwieriger Teammitarbeiter
- stellt zu hohe Anforderungen an andere
- übersieht Risiken

Ideale Umstände
- Entscheidungsfreiheit
- Herausforderungen
- große Projekte
- selbstständiges Arbeiten
- möglichst wenig Kontrolle
- möglichst wenig Detailarbeit
- klare Ziele

Der initiative Verhaltensstil

Stärken
- knüpft Kontakte
- verbreitet Optimismus
- kann das Leben genießen
- kommuniziert gut und gerne
- schafft eine motivierende Atmosphäre
- im Team: stellt Kontakte her
- in einer Führungsrolle: ermöglicht eine offene Kommunikation, sucht nach Übereinstimmungen bei endgültigen Entscheidungen

Schwächen
- abhängig von Anerkennung
- unorganisiert
- scheut Konfrontation
- führt Angefangenes nicht zu Ende
- redet zu viel
- kann schlecht allein sein
- achtet nicht auf Genauigkeit

Ideale Umstände
- Abwechslung
- Menschen
- Zeit, um das Leben zu genießen
- möglichst wenig Detailarbeit
- flexible Bedingungen
- Gelegenheit zur Kommunikation
- öffentliche Anerkennung

Der stetige Verhaltensstil

Stärken	– schafft Harmonie
	– guter Teamarbeiter
	– hört gut zu
	– loyal
	– schafft ein stabiles Umfeld
	– im Team: harmonisiert, führt spezialisierte Arbeiten aus
	– in einer Führungsrolle: unterstützt andere in ihrer Arbeit
Schwächen	– Unentschlossenheit
	– kann nicht Nein sagen
	– scheut Auseinandersetzungen
	– zu kompromissbereit
	– stellt eigene Wünsche zu schnell zurück
	– kommt schwer mit Veränderungen zurecht
Ideale Umstände	– Sicherheit, Stabilität
	– Zeit, sich auf Veränderungen einzustellen
	– Arbeit im Team
	– geklärte Erwartungen
	– harmonisches Umfeld
	– klare, gute Beziehungen
	– Zeit für Privates

Der gewissenhafte Verhaltensstil

Stärken	– Detailfreude
	– Qualitätsbewusstsein
	– denkt kritisch, hinterfragt
	– ausdauernd
	– beachtet Regeln und Normen
	– im Team: konzentriert sich auf wichtige Details
	– in einer Führungsrolle: legt Wert auf Vollendung der Aufgaben, will, dass Regeln befolgt werden
Schwächen	– Entscheidungen
	– verliert sich im Detail
	– Hang zum Perfektionismus
	– Gefahr, sich auf den Beobachterposten zurückzuziehen
	– die Anforderung, etwas „richtig" zu machen, hat zu viel Bedeutung
	– wenig flexibel
	– trifft Entscheidungen zu langsam
	– pessimistisch
Ideale Umstände	– geklärte Erwartungen
	– Regeln, Normen
	– Begründung für Veränderungen
	– Anerkennung für die geleistete Arbeit
	– klare Aufgabenbeschreibungen
	– Gelegenheit zum Nachfragen
	– Aufgaben, die genaues Arbeiten erfordern

Abdruck mit freundlicher Genehmigung von xpand

Natürliche Fähigkeiten

Arthur F. Miller, Gründer von *People Management International*, hat in seiner 50-jährigen Berufspraxis mit ca. 50.000 Personen zusammengearbeitet. Sein Ziel bestand darin, herauszufinden, über welche natürliche Fähigkeiten seine Klienten verfügen. Warum? Er stellte fest, dass eine Arbeit mehr Erfüllung bringt, wenn man seine angeborenen Fähigkeiten einsetzen kann.

1

Dazu entwickelte er das System for Identifying Motivational Abilities (SIMA®). Miller unterteilte die Fähigkeiten in folgende Hauptgruppen:

Menschen haben besondere Begabungen im Umgang mit

- Gegenständen

- Menschen

- Informationen

- Kreativität

Dazu recherchierte er, dass die meisten Personen über sieben bis zehn Hauptfähigkeiten verfügen.

Was bedeutet das nun für Sie? Wie erkennen Sie, wo Ihre natürlichen Fähigkeiten liegen? Eine einfache Übung lautet: Schreiben Sie fünf Geschichten von Ereignissen, Projekten oder Aufgaben, die Ihnen gut gelungen sind und Spaß gemacht haben. Unterstreichen Sie dann die Verben und überprüfen Sie, welcher Kategorie sich diese zuordnen lassen:

- Umgang mit Gegenständen

- Umgang mit Menschen

- Umgang mit Informationen

- Umgang mit Kreativität/Kunst

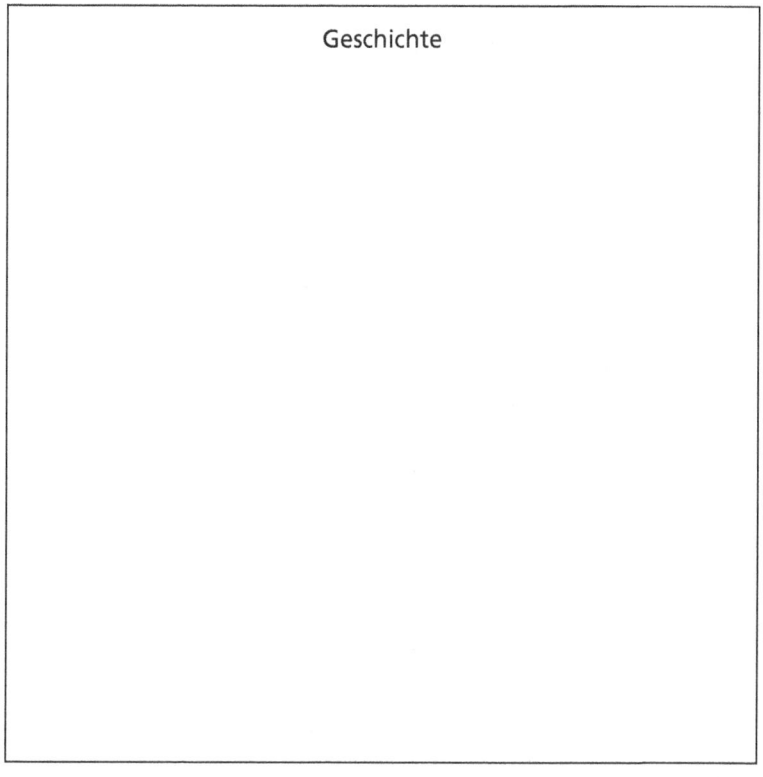

Geschichte

Vielleicht schreibt jemand folgende Geschichte:

Als 12-Jähriger habe ich eine Sandburg an der Nordsee gebaut. Doch die Flut drohte meine Festung zu zerstören. Deshalb sprach ich einen Jungen an, der bei mir in der Nähe stand. Gemeinsam haben wir wie wild geschaufelt. Unsere Festung aber hielt stand. Danach lief ich stolz zu meinem Vater. Er hat uns dann beiden ein Eis spendiert.

Bei einem 30-Jährigen könnten viele Verben noch immer Verwendung finden. Möglicherweise wiederholt sich sogar die Geschichte in übertragenem Sinne. Der Erzähler ist vielleicht Projekt-Manager. Als er in Zeitnot gerät, holt er sich Hilfe bei einem Mitarbeiter, den er zum Stellvertreter in seinem Team erklärt. Aufgrund der gemeinsamen Leistung kann das Projekt doch noch zeit- und kostengerecht fertiggestellt werden. Den gemeinsamen Erfolg feiert das Team an einem Wochenende in einem schönen Hotel.

Eine weiterführende Selbsteinschätzung finden Sie in der folgenden Tabelle. Markieren Sie diejenigen Fähigkeiten farbig, deren Einsatz Ihnen Spaß macht.

Umgang mit Menschen	Umgang mit Informationen
1. Anleitungen folgen	1. Verwalten
2. Dienen	2. Kalkulieren
3. Nachempfinden, Mitleiden	3. Ins Rollen bringen
4. Kommunizieren	4. Forschen
5. Überzeugen	5. Bewerten
6. Verhandeln, Entscheiden	6. Organisieren
7. Gründen, Aufbauen	7. Verbessern, Anpassen
8. Behandeln	8. Logisch denken
9. Beraten	9. Planen, Entwickeln
10. Unterrichten	10. Strukturieren
11. Führen	11. Konzepte entwickeln
12. Vermittlung in Konflikten	12. Integrieren
Umgang mit Material, Maschinen und Tieren	**Bereich Kreativität und Bewegung**
1. Gegenstände behandeln	1. Vorführen, Amüsieren
2. Mit Erde und Natur arbeiten	2. Musizieren
3. Maschinen bedienen	3. Bildhauern
4. Umgang mit dem Computer	4. Tanzen
5. Präzisionsarbeit ausführen	5. Pantomime aufführen
6. Bauen	6. Theater spielen
7. Malen, Anstreichen	7. Zeichnen
8. Reparieren	8. Design entwerfen
9. Dekorieren	9. Schreiben
10. Mit Elektronik umgehen	10. Kreativ denken
11. Kochen, Backen	11. Fotografieren
12. Umgang mit Tieren	12. Sportliche Aktivitäten

Der vollständige Workshop mit dahinterliegenden Begriffen kann als Selbsteinschätzungsinstrument bei *xpand* in Dortmund bezogen werden:

xpand Deutschland GmbH
Office Augsburg
Günzstraße 9
86356 Neusäß
0821/2170080
office@xpand.pro

1

Werte

2001 trat ich in das US-Unternehmen *Allegiance* ein – ein Kunstgebilde von zusammengekauften Firmen und einem Umsatz von 22 Milliarden Dollar. Das Unternehmen mit Verteilerzentrale an der deutsch-niederländischen Grenze hatte unter anderem in den Niederlanden einen kleinen Krankenhausausstatter erworben. Diese Firma war bisher von drei Inhabern geführt worden, allesamt dominante Persönlichkeiten. Vor allem im Lagerbereich wurden Entscheidungen auf höherer Ebene getroffen. Wo von den Mitarbeitern einst Gehorsam und Umsetzungskompetenz gefordert war, sollte nun nach US-amerikanischer Unternehmenskultur gearbeitet werden. Viele fühlten sich unwohl, als plötzlich Eigeninitiative gefragt war, Verantwortung übernommen werden sollte und Problemlösungskompetenz gefordert wurde. Das Ergebnis: Innerhalb eines Jahres halbierte sich die gesamte Belegschaft dieses mittelständischen Unternehmens.

Allegiance, die unter anderem Teilbereiche von in Deutschland vertretenen Konzernen wie etwa *Baxter* übernommen hatte, arbeitete auch weiterhin sehr kundenorientiert. Viele Mitarbeiter schätzten diese Leitlinien. Andererseits bot die „Customer Orientation" viele Schlupflöcher für Ausnahmen – Begründungen für ein finanzielles Entgegenkommen, das sich auf die Bilanz nicht immer positiv auswirkte. Als *Allegiance* dann ihrerseits in den wesentlich größeren Konzern *Cardinal Health* integriert wurde, hielt eine neue Unternehmenskultur Einzug. Die Konzerngeschicke wurden nun konsequent aus finanzieller Perspektive gelenkt. Quartalsvorhersagen und Verpflichtungen den Aktionären gegenüber („Commitment to the Shareholders") waren wichtiger als eine bedingungslose Kundenorientierung. Daraufhin verließen viele Vertriebsmitarbeiter das

Unternehmen. Gleichzeitig blühten andere Mitarbeiter auf, besonders solche, denen das vorherige Klima zu „weich" und „schwammig" gewesen war. Sie freuten sich darüber, dass nun endlich klare Richtlinien vorherrschten. Es wurden deutliche Ziele gesetzt, die mit aller Beharrlichkeit verfolgt wurden. Und man erhielt Anerkennung für besondere Verdienste. Hier vollzog sich stufenweise ein Wertewandel, wobei es nicht um „gut" oder „schlecht" ging. Jede Wertekultur hatte ihre Berechtigung.

Bevor man in ein Unternehmen einsteigt, sollte die Bedeutung der Unternehmenswerte bewusst sein. Wie passen diese mit den eigenen Werten zusammen?

Beispiel 1:

Dieter K.* arbeitete für die Firma Stihl in China. Häufig war er zwei Monate unterwegs, bevor er wieder nach Hause kam. Er war Mitte 30, hatte zwar keine Kinder, aber seine Frau konnte mit der Situation immer weniger umgehen. Obwohl ihn der Job ausfüllte, war ihm seine Familie wichtiger. Er nahm meine Dienste in Anspruch, kündigte seine Stelle und trat in ein anderes Unternehmen ein, das ihm mehr Zeit mit seiner Frau ermöglichte.

* Name geändert

Beispiel 2:

Frank R.* war vor zehn Jahren als Projekt-Manager in ein EDV-Systemhaus in Düsseldorf eingestiegen. In der Zwischenzeit wurde er zum Projektleiter befördert. Er war oft in den vielen Niederlassungen unterwegs. Seine Zielkunden: Banken, Versicherungen, Konsumgüterhersteller. 70 Stunden pro Woche galten als normal. Seit zehn Jahren war er mit seiner Freundin liiert. Diese war nun 38 Jahre alt, die biologische Uhr tickte, sie wollte heiraten. Daran war bei dieser Lebensgestaltung nicht zu denken. Aufgrund seines Wertesystems suchte auch Frank die Veränderung.

* Name geändert

Beispiel 3:

Andreas S.* arbeitete für Bosch. Er war sehr anerkannt und geschätzt. Aufgrund seiner Kompetenzen sollte er in China den erfolgreichen Start einer neuen Produktionslinie gewährleisten. Jeweils drei Wochen war er in Übersee – dann eine Woche in der Heimat. Der Aufbau der Produktion gestaltete sich komplexer als anfangs vermutet. Somit verlängerte sich sein Engagement von zunächst sechs Monaten auf unbekannte Zeit. Kurz vor seiner ersten Reise nach China kam sein erstes Kind zur Welt. Obwohl auch er Erfüllung in der Arbeit fand, stand seine Tätigkeit langfristig nicht mit seinem Wunsch, bei der Familie zu sein, im Einklang.

* Name geändert

In einer globalisierten Welt kapitulieren Unternehmen regelmäßig bei dem Vorhaben, Ethikrichtlinien einzeln ausarbeiten zu wollen. Managementgrößen wie Stephen Covey und Fredmund Malik empfehlen dagegen das Führen anhand von Werten. Wenn Unternehmenswerte klar definiert werden, weithin bekannt sind und – vor allem – auch gelebt werden, können sie als Kompass für die Belegschaft dienen. Bei etwaigen Fragestellungen lassen sich dann Handlungsmaximen aus den Unternehmenswerten ableiten.

In seinem Buch *Flow im Beruf* zeigt Mihály Csíkszentmihályi auf, dass Mitarbeiter ganz besondere Leistungen bringen, wenn die eigenen Werte mit den Unternehmensleitlinien im Einklang stehen. In diesem Zusammenhang spricht er gar von „Glück" oder „Flow". Die Grenzen zwischen Arbeit und Privatleben verschwimmen. James Last brachte genau das in einem *FAZ*-Interview zum Ausdruck, als er auf die Frage: „Woher nehmen Sie dafür (Kompositionen, Arrangements am Computer) in Ihrem Alter (81) die Energie?" erwiderte: „Freude, das macht mir Spaß. Ich sage ja auch nicht, dass ich arbeite, ich sage: Ich mache Musik!"

Der deutsche Ballett-Star und Tänzer Friedemann Vogel beschrieb es folgendermaßen: „Man muss das Publikum in eine andere Welt hineinziehen." Auch hier ist es die Passion für das Unerklärliche, die die Grenzen zwischen Arbeit und Berufung aufhebt.

Werte sind unweigerlich mit der Sinnfrage verbunden. Tief im Unterbewusstsein, aber häufig auch sehr transparent und präsent, stellen wir uns die Frage (oder haben uns damit zumindest befasst), warum wir existieren. Unweigerlich damit verbunden ist die Frage, wie wir unsere Zeit, sprich: unser Leben, unsere Energie einsetzen wollen.

Manuel Herder, Verleger in sechster Generation, kann einen neuen Lesertrend verzeichnen: „Die Menschen sind auf der Suche nach Sinn", und fügt er hinzu: „Glaube ist ein extrem aktuelles Thema, da sehen wir ein ungemein hohes Marktpotenzial."

Steve Jobs soll zu Beginn der Apple-Ära John Sculley von Pepsi-Cola mit folgenden Worten abgeworben haben: „Do you sell sugared water, or do you want to change the world?" Auch hier zeigt sich erneut die Sinnfrage.

Ein lieber Freund von mir war viele Jahre lang Vice President in einem großen Stahlkonzern. Er fuhr seine Mercedes E-Klasse und verdiente 200.000 Euro pro Jahr. Mit Anfang 50 unterschrieb er seinen nächsten Fünfjahresvertrag, als ihm – mehr denn je – bewusst wurde, dass sein Haus abbezahlt, sein Sohn ausgezogen war und er mehrere Tage pro Woche in Frankreich, Luxemburg und der Bundeshauptstadt verbringen sollte. Er sah sein Leben plötzlich in einem ganz neuen Licht. Die verbleibende Zeit erschien ihm so kostbar, dass er nicht länger bereit war, dafür „sein Leben zu geben". Er bat um Auflösung seines Vertrages, besann sich auf seine Stärken und Netzwerke und gründete eine Personalberatungsgesellschaft. Weil er darin mehr Sinn in seinem Leben sah, war er auch durchaus bereit, auf die Hälfte seines Einkommens zu verzichten. Heute arbeitet er ca. sechs gut dotierte Aufträge pro Jahr ab und verbringt die meiste Zeit mit seiner Frau in Süddeutschland. Er hat sich durch seine Entscheidung die Freiheit erkauft, das Leben in die Bahnen zu lenken, die er selbst vor Augen hat. So leitet er mittlerweile eine internationale, gemeinnützige Mentor-Bewegung, in der etwa 300 Hochschulabgänger langfristig von erfahrenen Managern auf ihrem Weg ins zukünftige Geschäftsleben begleitet werden.

Gerade las ich, wie Alex Pattakos in seinem Buch *Gefangene unserer Gedanken* über das Leben Viktor Frankls folgende Geschichte erzählt: An dem Tag, an dem Nelson Mandela aus dem Gefängnis auf Robben Island entlassen wurde, sah Bill Clinton, damals Gouverneur von Arkansas, die Nachrichten im Fernsehen. Als Mandela aus dem Gebäude trat, bemerkte Clinton, wie angesichts der gaffenden

Menschen der Zorn über Mandelas Gesicht huschte und rasch wieder verschwand. Später trafen sich beide persönlich, inzwischen als Oberhaupt des jeweiligen Landes, und Clinton erzählte Mandela von seiner Beobachtung. Mandala antwortete: „Ja, das stimmt. Als ich im Gefängnis saß, hatte ein Sohn eines Wärters einen Bibelkurs angeboten, an dem ich teilnahm ... Und an dem Tag, als ich das Gefängnis verließ und die Zuschauer sah, überschwemmte mich der Zorn bei dem Gedanken, dass sie mich um 27 Jahre meines Lebens gebracht hatten. Da sagte der Geist Jesu zu mir: Nelson, im Gefängnis warst du frei, mach dich nicht als freier Mann zu ihrem Gefangenen." Mich beeindruckte die Geschichte aufgrund ihrer klaren Wertvorstellung über Freiheit und Vergebung.

1

Die Frage nach den Werten und somit nach dem Sinn des Lebens rückt in zunehmendem Alter mehr und mehr in den Vordergrund. Bob Buford gab seinem Buch *Halbzeit* in der Originalfassung den Untertitel *Changing Your Game Plan from Success to Significance.* Damit deutet er darauf hin, dass die erste Lebenshälfte häufig von dem Wunsch nach (äußerlichem) Erfolg geprägt ist. In der zweiten Lebenshälfte stehen vermehrt Fragen zur Nachhaltigkeit im Raum: Worin ist meine Handschrift erkennbar? Was bleibt zurück? Welches ist mein Vermächtnis? Als Steve Jobs nach den Beweggründen gefragt wurde, eine Biografie verfassen zu lassen, brachte er folgenden Wunsch vor: Er wollte, dass seine Kinder eines Tages verstehen würden, warum er sein Leben auf seine Art gelebt hatte und nicht anders.

Die Frage nach den Werten ist bei der sogenannten Generation Y ohnehin mehr in den Vordergrund gerückt. Die Jahrgänge seit 1980, die sich bei der Stellensuche erheblich leichter tun, können höhere Anforderungen an künftige Positionen stellen. Die Babyboomer (Nachkriegsgeneration) haben sich gefreut, wenn sie überhaupt einen Job fanden. So konnten sich die meisten den „Luxus" der Wertefragestellung erst in der Mitte des Lebens leisten – auch wenn das Thema wahrscheinlich genauso aktuell war wie heute. Für viele der heute bis 35-Jährigen ist es nicht akzeptabel, in einem Unternehmen zu arbeiten, das nicht mit den eigenen Wertvorstellungen im Einklang ist. Positive Konsequenz: Unternehmen denken um, wenn sie die besten Mitarbeiter gewinnen wollen. Corporate Governance und Sustainability Management ziehen auch in kleinere Firmen ein und sind häufig mehr als nur ein Lippenbekenntnis.

Doch wie ergründen Sie Ihre eigenen Werte? Es mag zwar brutal klingen, aber eine Variante wäre es, die eigene Grabrede zu verfassen. Spätestens in diesem Augenblick wird einem bewusst, dass sich Wünsche nicht von selbst erfüllen. Wenn Sie beschreiben, wie eines Tages über Sie geredet werden soll, können gewisse Sehnsüchte entstehen. Das macht auch durchaus Sinn, denn dann lässt sich das eigene Leben bewusst (und unbewusst) nach dieser Wunschvorstellung ausrichten.

1

Im Jahr 2015 verstarb ein langjähriger Freund und Geschäftspartner von mir völlig unerwartet. Während der Beerdigung würdigte man sein Leben eindrücklich auf authentische Weise. Auch wenn solche Anlässe mit Trauer und Verlustschmerz verbunden sind, rücken wesentliche Lebensfragen in den Vordergrund. Ich habe mir überlegt, welche Aussagen am Ende meines Lebens über mich getroffen werden – und vor allem warum. Auch war diese Grablegung für mich nochmals ein Impuls, über meine Prioritäten nachzudenken. Was wollte ich auf alle Fälle in diesem Leben erreichen? Was war mir wichtig? Und wie wurde dies häufig von vermeintlich Dringlichem überlagert?

Eine weniger drastische Maßnahme für einen solchen „Werte-Workshop" wäre die Rede zum 80. Geburtstag. Darin können Sie beschreiben, wofür Sie zu diesem Zeitpunkt bekannt sein wollen, was Sie erreicht und für welche Menschen Sie eine besondere Rolle gespielt haben. Konkret:

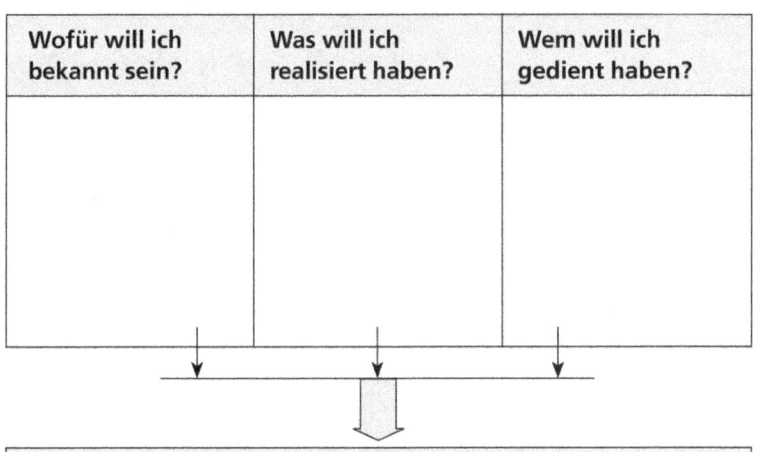

Wofür will ich bekannt sein?	Was will ich realisiert haben?	Wem will ich gedient haben?

5 Kernsätze

- ▪
- ▪
- ▪
- ▪
- ▪

Abdruck mit freundlicher Genehmigung von Paul Ch. Donders

Ich selbst habe mich vor etlichen Jahren mit einer ganz ähnlichen Aufgabe befasst. Es handelte sich dabei um eine visuelle Aufgabenstellung. Als Seminarteilnehmer sollten wir mit Malkreiden diejenigen Werte auf ein Schild malen, die uns im Laufe unseres Lebens geprägt hatten. Dazu wurde uns ausreichend Zeit zur Verfügung gestellt. Anschließend sollten wir unser Kunstwerk erläutern. Es wurden viele Geschichten mit entsprechenden Symbolen sichtbar. Löwen standen für Mut oder Siegeswille, das Kreuz für ein christliches Wertesystem oder gar eine Gesellschaftsreform und ein Adler symbolisierte Freiheit oder Unabhängigkeit.

Interessanterweise kann ich mich noch genau an meine eigene Darstellung erinnern. Daher lautet meine Einladung an Sie: Versuchen Sie einmal, Ihre Werte auf einem Wertebanner ebenfalls visuell darzustellen. Lassen Sie sich dabei von Ihrem Bauchgefühl lenken und finden Sie heraus, ob Ihr Verstand diese Impulse übersetzen kann.

Wertebanner

Angelernte Fähigkeiten

Bisher haben wir uns mit der Persönlichkeit befasst. Erst im nächsten Kapitel sehen wir uns Ihren Lebenslauf genauer an. Aus diesen beiden Komponenten wird dann ein Profil erstellt, mit dem Sie sich auf dem verdeckten Arbeitsmarkt optimal positionieren können.

Dennoch kommen wir nicht umhin, auch kurz auf Ihre angelernten Fähigkeiten einzugehen. Neben Ihren angeborenen, sogenannten „natürlichen Fähigkeiten" haben Sie im Laufe Ihres Lebens Kompetenzen erworben, die Sie möglicherweise gern auch in Ihrem beruflichen Umfeld einsetzen möchten. Dazu einige Beispiele:

■ Fremdsprachen

Vielleicht haben Sie einmal ein Austauschsemester in Barcelona absolviert. Die Stadt und die dortige Kultur haben Sie fasziniert. Die Sprache konnten Sie sich spielerisch aneignen. Wieder zu Hause, haben Sie einige Freundschaften auch weiterhin gepflegt. Sollte sich jemals die Gelegenheit ergeben, würden Sie gern die erlernte Sprache einsetzen. Vielleicht als Länderreferent, Vertriebsmitarbeiter oder gar in einer spanischen Niederlassung eines deutschen Unternehmens.

■ Computerkenntnisse

Ein Computer ist für Sie vielleicht mehr als nur ein „Arbeitsgerät". Sie waren schon immer stolz darauf, nicht nur „Anwender" zu sein. Neben der Tatsache, dass Sie besondere Systemkenntnisse aufweisen, tasten Sie sich auch spielerisch an Programme heran. So waren Sie immer sehr angetan von MS-Access. Sie haben – und das hatte in der Vergangenheit wenig mit Ihrem Fachgebiet zu tun – andere immer wieder verblüfft, indem Sie einfache Lösungen angeboten haben. Auch zu Hause vereinfachen Sie Ihr Leben mit dieser Anwendersprache, die nur wenige beherrschen. Sie fühlen sich in der EDV-Architektur zu Hause und könnten sich vorstellen, diese bei Ihrem nächsten Job noch intensiver einzusetzen.

■ Führungskompetenz

Bisher konnten Sie Ihre Führungskompetenz noch nicht unter Beweis stellen. Allerdings haben Sie in der Kirchengemeinde ein Jugendlager organisiert und geleitet. Hier haben Sie Ihre natürliche Autorität erprobt. Auch Mitarbeiter haben Sie jederzeit gern unterstützt. Es fiel Ihnen nicht schwer, eine Richtung vorzugeben, Kompetenzen zu verteilen und die Organisation zu überwachen. Sie haben Wertschätzung ausgesprochen und waren mit dem Ergebnis zufrieden. Sie könnten sich vorstellen, die Erfahrungen, die Sie in der Kirchengemeinde haben sammeln können, auch im beruflichen Alltag anzuwenden.

■ Interkulturelle Kompetenz

Das Ausland übt auf Sie einen magischen Reiz aus. Der Begriff „Touri" ist Ihnen verpönt. Am liebsten würden Sie den Fernen Osten als Einheimischer bereisen und in Asien als Europäer nicht auffallen. Sie setzen sich mit der Kultur eines Landes detailliert auseinander. Vielleicht waren Sie ein begeisterter Leser der Reiseberichte von Karl May. Es ist Ihnen unangenehm, wenn Sie die Landessprache nicht beherrschen – denn diese ist letztlich für die Völkerverständigung unentbehrlich. Sie begegnen der Bevölkerung auf Augenhöhe und messen die dortigen Begebenheiten nicht mit den hiesigen Maßstäben. So begegnen Sie den Einheimischen und kommen mit schönen Geschichten nach Hause. Vielleicht ist es möglich, diese Haltung auf Ihr berufliches Umfeld zu übertragen. Wenn Sie auf diese Weise auch in der Arbeit Erfolge erzielen könnten, würde ein Traum für Sie wahr werden.

Listen Sie nun Ihre angelernten Fähigkeiten auf, die Ihnen zwar Spaß machen, aber bisher mit dem Beruf nichts zu tun hatten:

Angelernte Fähigkeiten	Konkrete Begebenheiten	Was hat Spaß gemacht und warum?

Verantwortungsbereitschaft

Als mir mit 29 Jahren die Verantwortung für den logistischen Aufbau einer Verteilerzentrale in Luxemburg und damit eine Personalverantwortung für 45 Mitarbeiter angeboten wurde, zögerte ich. Ich suchte das Gespräch mit meinem direkten Vorgesetzen, dem Geschäftsführer:

„Herr Michael*, Sie kennen mich. Wie ist Ihre Einschätzung? Sind Sie der Meinung, dass ich einen guten Job machen werde?"

Seine Antwort war interessant und hat – aus meiner Sicht – bis heute nicht an Relevanz eingebüßt:

„Wissen Sie, Herr Zeylmans, die Frage stellt sich nicht, ob Sie das hinbekommen. Sie müssen sich vielmehr fragen, ob Sie diese hierarchische Stellung übernehmen wollen. Je mehr Sie in der Organisationsstruktur aufsteigen, umso mehr bedeutet dies einen Verzicht auf Ihr Privatleben. Internationale Gäste kommen am Sonntag an und wollen am Flughafen abgeholt werden. Wenn das Budget erstellt werden muss, kann ein Wochenende draufgehen. Abends stehen Sie dem Unternehmen für wichtige Kunden zur Verfügung ... Der Anspruch des Unternehmens an Sie wird sich ändern. Sind Sie dazu bereit?"

Das Thema Verantwortung darf nicht unterschätzt werden. Seit dieser Äußerung meines damaligen Vorgesetzten ist das Leben nicht weniger komplex geworden – im Gegenteil. In der Einleitung war bereits die Rede von der zunehmenden Digitalisierung des Geschäftslebens. Für manche klang dies zunächst verlockend: Laptop, Smartphone, iPad ... Für andere war das nichts anderes als eine nüchterne Produktivitätssteigerung. Arbeiten wie, wo und wann man wollte. Aber in welchem Segen liegt nicht auch ein Fluch? Zunächst schien der Zugewinn an Stunden verlockend. Aber dann entdeckten viele, dass die verfügbare Zeit gar nicht ausreichen konnte, um den Anforderungen gerecht zu werden. Zeitmanagementtricks halfen nur vorübergehend. Die Herausforderungen schienen eher systembedingt.

Die Faszination des Machbaren ist abgeklungen. Statt der Technik-Begeisterung, die Barack Obama noch bei seiner Wahl mit einem Blackberry in der Hand an den Tag legte, sind mittlerweile Burnout-Prävention und Resilienz in den Manageralltag eingezogen. Wie

---

* Name geändert

können wir Achtsamkeit leben, uns in der Informationsüberflutung zurechtfinden und das Wesentliche vom Unwesentlichen trennen?

Bei der Volkswagen AG hat man vor nicht allzu langer Zeit die Entscheidung getroffen, dass der Server eine halbe Stunde nach Ende der Kernarbeitszeit keine E-Mails mehr an die Blackberrys übermittelt. Die außertariflich bezahlten Mitarbeiter sind davon aber ausgenommen. Das Management sowieso. Und genau das ist unser Kernthema. Wo sehen Sie sich selbst, wenn es darum geht, Ihr Leben in ein Unternehmen zu investieren?

Vor einiger Zeit veröffentlichte die *Wirtschaftswoche* das Ergebnis einer exklusiven Umfrage. Was wollen Talente? Welche Erwartung besteht an einen neuen Arbeitgeber? An erster Stelle landete mit Abstand die Work-Life Balance:

- Work-Life-Balance (60 %)

- Intellektuelle Herausforderung (48 %)

- Jobsicherheit (38 %)

- Personalverantwortung (33 %)

- Kreativität (24 %)

Zeitgleich erschien eine Auswertung der Deutschen Rentenversicherung: 48 Prozent der 674.000 Neurentner wählten die Frührente und verzichteten dabei im Durchschnitt auf 113 Euro. Diese Zahl der freiwilligen Frührentner lag im Jahr 2000 noch bei 14,5 Prozent.

Stellen Sie sich nun selbst folgende Fragen:

- Bin ich bereit, auch am Wochenende erreichbar zu sein?

- Habe ich Spaß daran, auch in meiner Freizeit E-Mails zu bearbeiten?

- Kann ich gut damit leben, dass „Feierabend" ein fließender Begriff ist?

- Ist es für mich vorstellbar, dass ich mich auch im Urlaub um wesentliche Unternehmensgeschicke kümmere?

- Ist es für mich in Ordnung, wenn meine Abende teilweise Kunden und anderen Geschäftspartnern gehören?

- Stehen der Unternehmenserfolg und mein Abteilungserfolg mit an erster Stelle? Oder arbeite ich eher, um leben zu können?

Natürlich sind diese Fragen völlig subjektiv und auch ein bisschen klischeehaft. Und manche Unternehmen mögen diese Handhabungen verwerfen. Je mehr Fragen man aber mit Nein beantwortet, desto eher sollte man überlegen, ob man sich in der oberen Hierarchie gut aufgehoben fühlt.

Umzugsbereitschaft

Am Anfang Ihrer Überlegungen sollte dieses Thema nicht ausgeklammert werden. Ähnlich der anderen Kriterien ist es wertfrei. Ich kenne einen Diplom-Ingenieur mit besten Referenzen und einer hervorragenden Ausbildung an der RWTH Aachen. Nach seinem Studium blieb er weiterhin an der Hochschule und fand einen anspruchsvollen Job im Bereich Qualitätsmanagement. Mit seiner Großfamilie ist er bisher nie umgezogen. Seine sozialen Kontakte haben sich in Aachen gefestigt. Nun ist eine Neu-Orientierung angesagt. Auch nach mehrmonatiger Suche hat er noch keine Entscheidung darüber getroffen, ob er auch wirklich zum Umzug bereit ist.

Ein anderer meiner Klienten wohnt in Süddeutschland. Als Geschäftsführer bekleidet er eine Stelle in Dresden. Kürzlich wurde er von einem Headhunter angesprochen. Das Angebot ist zwar weniger attraktiv als seine derzeitige Funktion, aber es bringt ihn näher an seine Heimat. Er ist sichtlich an der neuen Stelle interessiert.

Einem Werksleiter aus der Pforzheimer Gegend bot man eine Geschäftsleitungsstelle im tiefsten Niedersachsen an. Als er sich mit seiner Frau das Flachland angesehen hatte, wurde schnell klar: Hier würden sie sich nie zu Hause fühlen. Er lehnte trotz der Verlockung, mit 50 noch einmal richtig „durchzustarten", ab.

Eine Studie ergab, dass Arbeitnehmer in der Regel bis zu einer Stunde Anreisezeit pro Tag für die einfache Strecke in Kauf nehmen. Für eine längere Anfahrt müsste das Gehalt um 35 Prozent angehoben werden, um einen Ausgleich zu schaffen.

65 Prozent aller Arbeitsuchenden sind nicht bereit, umzuziehen. Erneut weise ich darauf hin, dass es sich hier nicht um eine Wertung handelt. Die soziale Verwurzelung ist schlussendlich ungemein wichtig. Am Ende ihres Berufslebens wird es für die meisten von eminenter Bedeutung sein, wie sehr soziale Kontakte gepflegt und gehalten wurden.

Mit Bestürzung hat man zeitweise (vor ca. 10 bis 15 Jahren) in Japan festgestellt, dass Top-Führungskräfte, die in den Ruhestand wechselten, überdurchschnittlich häufig nach ein bis zwei Jahren verstarben –

bei bester Gesundheit. Es lag die Vermutung nahe, dass sie nicht in der Lage waren, das neu entstandene Vakuum zu ertragen. Ihr Leben hatte sich bis zum Renteneintritt ausschließlich über die Arbeit definiert. Mit dem gähnenden „Nichts" konnten sie schlichtweg nicht umgehen.

Wenn Kinder im Spiel sind, ist die Frage nach der eigenen Umzugsbereitschaft natürlich noch bedeutender. Was man auf der einen Seite „gewinnt" (einen neuen Job), möchte man auf der anderen Seite nicht wieder verlieren. Wenn die Kinder aus der vertrauten Umgebung gerissen werden und die Leistung sowie das innere Gleichgewicht nachlassen, kann die Lust rasch in Frust umschlagen. Auch dies ist wieder von der jeweiligen Persönlichkeit – der Eltern als auch der Kinder – abhängig. Manche Eltern vertreten zudem die Auffassung, dass man Kinder nicht früh genug an Veränderungen gewöhnen könne.

Wie wir in Kapitel 4 (Den verdeckten Arbeitsmarkt erschließen) sehen werden, ist es in der Tat einfacher, wenn Sie über eine geografische Flexibilität verfügen. Einige der hier vorgebrachten Anregungen, wie Sie in einem bestimmten Fall vorgehen können, verlieren an Bedeutung, wenn Sie regional allzu fixiert sind. Dennoch wäre es kurzsichtig, wenn Sie diese Frage nicht gebührend berücksichtigen. Ich kenne mehrere Personen, die der Familie und der Kontinuität des Freundeskreises den Vorzug über den nächsten Karriereschritt hinaus gegeben haben. Manche Bewerber möchten lieber in der Nähe ihrer Eltern bleiben, die vielleicht ein Alter erreicht haben, in dem sie auf eine gewisse physische, praktische oder mentale Unterstützung angewiesen sind.

Sie sehen, das Thema ist komplex und hängt sehr mit der persönlichen Situation zusammen. Wie dem auch sei – bevor Sie die Wunschvorstellung Ihrer künftigen Tätigkeit weiter aufbauen, müssen Sie sich diese Frage gründlich beantworten.

Reisebereitschaft

Auch diesen Punkt sollten Sie im Vorfeld klären. Ein Klient wandte sich an mich mit der Aussage, er verbringe 70 Prozent seiner Zeit im Flieger. Er war für ein gehobenes mittelständisches Unternehmen als Geschäftsführer im asiatischen und Pazifikraum unterwegs. Seine Reisen nach Japan und Australien versuchte er immer zeit- und kostengünstig zu organisieren. Er war verheiratet und hatte keine Kinder. Seine Frau jedoch konnte mit dieser Situation nicht umgehen und suchte Trost im Alkohol.

Ein Vertriebsmitarbeiter eines Krankenhausausstatters war seit 20 Jahren vier Tage pro Woche unterwegs. Nur mittwochs übernachtete er zu Hause. Für die Nächte von Montag auf Dienstag und Donnerstag auf Freitag hatte er ein deutschlandweites Netzwerk von netten Familienpensionen aufgebaut, deren Besitzer ihn besser kannten als seine eigenen Kinder. Auf meine Frage hin, was seine Familie, insbesondere seine Kinder dabei empfinden, erwiderte er, dass die Erziehung der Kinder – logischerweise – völlig bei der Mutter läge.

Manche Mitarbeiter werden nach dem monatlichen Meeting in Paris oder London zurück am Arbeitsplatz mit folgenden Worten begrüßt: „Na, da ist ja unser Tourist – wie war es diesmal?" Wenn sich zu diesen regelmäßigen Meetings in den Metropolen weitere Besprechungen in der Provinz gesellen (bei denen eine Anreise am Vortag erforderlich ist), wird womöglich schnell die Frage auftauchen, wie groß der Einfluss dieser Anforderungen auf die Lebensqualität ist.

Ein guter Freund von mir und exzellenter Verkäufer hat sowohl für US-Konzerne als auch für Israelis gearbeitet. Allerdings litt er unter Flugangst. Infolgedessen wurde sein Wohlbefinden von den vielen Geschäftsreisen so enorm beeinträchtigt, dass es auch mit Geld nur teilweise ausgeglichen werden konnte.

Regionale Präferenzen

So manchen Hamburger hat es zum Studium nach München verschlagen, wo sich in der Folge auch ein erster Job ergab. Ein Wahl-Bayer fing an, mir vom Frühling in Schleswig-Holstein vorzuschwärmen. Hellauf begeistert beschrieb er die blühenden Rapsfelder, das Himmelsblau, die weiße Farbe der Wolken, das Grün der Felder und die ab und zu durchschimmernde Ostsee. Seiner Meinung nach war diese Farbkombination in Deutschland einzigartig. Aus seiner Beschreibung sprach eine tiefe Sehnsucht.

Ein Franke war an den Niederrhein umgesiedelt. Obwohl er ein guter Banker war, empfand er dort nie die Akzeptanz, welche ihm in der Heimat entgegengebracht worden war. Das mag vielleicht an seinem Dialekt liegen, den er nach wie vor pflegte und breit zur Schau trug, statt ihn zu verleugnen. Als eine Neuorientierung bevorstand, war es für ihn naheliegend, als Zielgebiet seine ursprüngliche Heimat in Betracht zu ziehen.

Ein anderer Bewerber verbrachte seinen Urlaub seit Jahren in Österreich. Was lag da für ihn näher, als den Ort, an dem andere Urlaub machen, für sich als Zielgebiet seiner Bewerbungsaktivitäten zu bestimmen.

1 Ich führe regelmäßig Trainings für einen Anlagenbauer in Zürich durch. Bei diesem Unternehmen sind viele Ingenieure angestellt. Da der Schweizer Markt „leergefegt" ist, besteht die Belegschaft aus ca. 30 Prozent Deutschen. Für einige war lediglich der Job von Bedeutung. Andere wiederum hatten sich bewusst für die Schweiz entschieden. Aus vielen Gesprächen hörte ich heraus, dass die wenigsten mit dem Gedanken spielten, wieder in die Bundesrepublik zurückzukehren.

Auch für Sie lohnt es sich, einmal in sich zu gehen und herauszufinden, welche Gegend oder Region Ihnen gefällt. Ich wiederhole: Wenn Sie sich auf ausgeschriebene Stellen bewerben, überlassen Sie viele Wünsche und Motivationsfaktoren dem Zufall. Natürlich bin ich Realist und sehe den Bewerbungsprozess nicht als reines Wunschkonzert an. Gleichzeitig jedoch hat die Bewerbungsstrategie auch etwas mit unserem Denken zu tun.

Lassen Sie sich also nicht von negativen Gedanken („Das funktioniert sowieso nicht ...") davon abhalten, dass Sie Ihre Idealvorstellung – auch was die regionalen Präferenzen angeht – zumindest einmal aufschreiben. Je genauer Sie sich selbst beschreiben, umso eher ist der Arbeitgeber in der Lage, festzustellen, ob er Sie in Betracht ziehen soll. Im Umkehrschluss bedeutet dies: Je allgemeiner Sie sich aufstellen (ganz nach dem Motto: „Ich möchte mir keine Chance entgehen lassen, indem ich mich zu deutlich zu erkennen gebe."), je geringer ist die Wahrscheinlichkeit, dass Sie Angebote erhalten. Arbeitgeber möchten ein klares Profil sehen und dann entscheiden, ob sie Sie kennenlernen wollen.

Unternehmensprofil

Nun ist es an der Zeit, um auch über das Unternehmensprofil nachzudenken. Ein Blick ins wahre Leben zeigt, dass viele Arbeitnehmer ihren ersten Arbeitgeber mehr durch Zufall gefunden haben. Das ist verständlich – und die Realität. Nur wenige Menschen, häufig die sehr gut ausgebildeten, machen sich bewusst darüber Gedanken, wo sie künftig arbeiten wollen. Noch wenigeren bietet sich die Möglichkeit, auch gute Angebote auszuschlagen, wenn sie der Meinung sind, dass sie ihr Leben nicht für diesen Arbeitgeber einsetzen möchten.

Beim ersten Arbeitgeber verhalten wir uns häufig wie Alice im Wunderland. Wir lernen auf praktische Art und Weise, was ein Unternehmen ist, was Führung, Organisation, Struktur und Abläufe bedeuten. Wie in einer Erziehung sehen wir den ersten Arbeitgeber quasi als Standard an. Wenn wir die Stelle wechseln, bleiben wir häufig in einem vergleichbaren Unternehmen. Hier kennen wir die DNA. Einmal Konzern, immer Konzern. Die Spielregeln sind uns geläufig. Haben wir dagegen bei einem mittelständischen Unternehmen angefangen, können wir uns kaum vorstellen, zum „bösen Konzern" zu wechseln.

Dazu kommt: Je länger wir uns in einer bestimmten Umgebung bewegen, desto schwieriger wird der Wechsel überhaupt. Nach zehn Jahren im Konzern wird uns der Wechsel in den Mittelstand in der Tat nicht leichtfallen.

Beispiel:

Ein vom Inhaber geführtes Stahlbau-Unternehmen in Dortmund war auf der Suche nach einem kaufmännischen Leiter. Schließlich wurde man bei einem Banker aus dem Großraum Hamburg fündig. Nun hatte der Inhaber endlich einen „Insider" aus der Bankenwelt. Dieser kannte die Bewertungskriterien und wusste, wie sich die Bonität feststellen ließ. Außerdem würde er auf Augenhöhe mit seinen ehemaligen Kollegen Kreditlinien verhandeln und bessere Konditionen erzielen können.

Auch der Banker selbst war überglücklich. Endlich weg aus dem Konzern, wo die Entscheidungsfreiheit immer gering gehalten worden war. Nie hatte er auf finanziellem Gebiet für eine ganze Organisation verantwortlich sein können. Nun war er am Ziel angelangt: der Übernahme von operativer Verantwortung. Ab jetzt könnte er Gesamtergebnisse messen.

Nach sechs Monaten sah die Situation folgendermaßen aus: Der Neuzugang hatte sich in der Tat bei verschiedenen Banken vorgestellt. Er legte ihnen zu ihrer aller Freude das erste Mal eine Planung vor – Liquidität, Ergebnis, Investitionsvorhaben, Zahl

1

der Angestellten, Finanzierungsbedarf. Als der Inhaber dann aber – entgegen der Planung – eine neue Maschine für 150.000 Euro bestellte, herrschte großer Unmut. Der Banker verlor das Kostbarste, über das er je verfügt hatte: seine Glaubwürdigkeit.

Am Ende der Probezeit wurde der Vertrag aufgelöst. Der Banker ging zurück zur Bank in Schleswig-Holstein und der Inhaber stellte an seiner statt einen kaufmännischen Leiter aus dem Mittelstand ein. Beide Seiten fühlten sich befreit.

Dennoch lässt sich diese Geschichte nicht pauschalisieren. Ich kenne einen technischen Leiter, der von einem großen Pharma-Unternehmen in den Schwarzwald zu einem Polymeren-Hersteller mit einem Umsatz von 50 Millionen wechselte. Er wurde langfristig glücklich. Auch eine promovierte Diplom-Ingenieurin, die einem Stahlkonzern den Rücken kehrte, um in den gehobenen Mittelstand einzutreten, hat ihre Entscheidung nicht bereut. Der Geschäftsführer/Vertrieb eines führenden DAX-Druckmaschinenherstellers übernahm die Geschäftsleitung bei einer mittelständischen Premium-Druckerei und schrieb ebenfalls Erfolgsgeschichte.

Gerade zum Zeitpunkt eines beabsichtigten und geplanten Wechsels ist es wichtig, eine Standortbestimmung vorzunehmen. Vielleicht haben Sie selbst bereits gemerkt, dass Sie aufgrund eines anfänglichen Zufalls (erster Arbeitgeber) weiterhin in eine Richtung marschiert sind, die eigentlich nicht die Ihre ist. Ich habe eine Person gecoacht, die am Niederrhein bei einer börsennotierten Bank zu arbeiten angefangen hat. Das Ganze führte allerdings nur zu begrenztem Erfolg. Daher schloss sich schon bald der Wechsel in die nächste Konzernbank an. Auch hier konnte die Fehlentscheidung noch einigermaßen vertuscht werden, bevor der Wechsel zu einer renommierten Versicherung folgte. Der nächste Arbeitgeber wies ebenfalls Konzernstrukturen auf. Bei Gesprächen stellte der mittlerweile nicht mehr ganz junge Mann fest, dass er dem Mittelstand wesentlich mehr verbunden war als einer Konzernstruktur. Der Weg dorthin war mittlerweile aber schon etwas steinig geworden.

Steht auch bei Ihnen ein Wechsel an, dann lassen Sie die grundsätzlichen Optionen einmal Revue passieren. Nehmen Sie dabei aber bitte Abstand von jeglichen Vorurteilen. Natürlich gilt es, nüchtern zu bleiben. Wenn Sie seit zehn Jahren im Handel für den Einkauf von Lebensmitteln verantwortlich sind, verlieren Sie an Kompetenzen und somit auch an Wert, wenn Sie beim nächsten Arbeitgeber Baumaterial einkaufen sollen. Gleichzeitig gibt es natürlich viele Positionen, die zunächst branchenunabhängig sind, wie etwa der Bereich Finanzen, Controlling, Revision, Qualitätsmanagement, IT, Logistik oder Personalwesen.

Hier ein kurzer Exkurs zu grundsätzlichen Möglichkeiten verschiedener Zielunternehmen. Die Auflistung ist mit Sicherheit nicht vollständig, deckt aber in etwa 90 Prozent diejenigen Unternehmensorganisationen ab, in denen meine Klienten tätig sind.

1

■ Kleinunternehmen

Ich möchte hier keine wissenschaftliche Definition geben, meine aber Firmen mit weniger als zehn Millionen Umsatz und maximal 100 Mitarbeitern. Meist sind diese inhabergeführt, die Gehälter moderat. Die Chance, Verantwortung zu übernehmen, ist groß. Aber Vorsicht: Oft ist der Inhaber selbst in alle Entscheidungen involviert. Die familiäre Atmosphäre übt einen ganz besonderen Reiz aus. Und: Auch in einem weniger guten Geschäftsjahr hält der Inhaber in der Regel an der Belegschaft fest. Viel Geld zu verdienen ist für viele solche Unternehmer nicht das Hauptziel der Geschäftstätigkeit. Häufig wird ein familiäres Erbe weitergeführt. Auch sehen solche Arbeitgeber vielfach ihre soziale Verantwortung in der Region. Ich kenne manche, die den Wechsel in ein derartiges Unternehmen am Ende ihrer Karriere vollzogen haben. Zu diesem Zeitpunkt musste ein sogenanntes „Downsizing" nicht begründet werden.

■ Mittelständisches Unternehmen

Im Gegensatz zur obigen Beschreibung rede ich hier von einem Unternehmen mit einem Umsatz bis ca. 50 Millionen und maximal 250 Mitarbeitern. Bei einem solchen Unternehmen sind Strukturen durchaus erkennbar. Meistens führt ein Geschäftsleitungsteam die Geschicke. Die Gehälter können in der oberen Führungsriege manchmal mit denen einer Konzerntochter mithalten. Der Sprung aus dem Konzern in eine solche Struktur stellt für manche eine Verlockung dar. Die Verantwortung, die man auch schon in jungen Jahren übernehmen kann, ist oft größer als anderswo. Dazu kommt die Berechenbarkeit einer mittelständischen Struktur, vor allem, wenn der Inhaber noch mit an Bord ist.

■ **Gehobener Mittelstand**

Hier bewegen wir uns im Bereich von Unternehmen mit einem Jahresumsatz von 500 Millionen bis zu einer Milliarde. Die Belegschaft hat die Tausendermarke bereits überschritten. Vielfach sind mehrere, auch internationale Standorte vorhanden. Die Organisationsstruktur gleicht der eines Konzerns. Die Gehälter sind – für die Allermeisten – mit denen der börsennotierten Unternehmen vergleichbar. Wenn auch die einzelnen Abläufe (Stellenbeschreibungen, Organigramme, Personalentwicklungsmaßnahmen, Mitarbeitergespräche, Expat-Verträge) nicht ganz so professionell sind wie im Konzern, so herrscht dafür etwas mehr Zusammenhörigkeitsgefühl oder manchmal auch ein gemeinsames „Feindbild", das vereint.

■ **Hidden Champions**

Auch wenn man über die Differenzierung zur vorherigen Kategorie streiten kann, erwähne ich hier noch bewusst die sogenannten Hidden Champions. Die Umsätze befinden sich häufig jenseits der Milliardengrenze. Zwei, fünf oder gar zehn Milliarden (Beispiel WÜRTH) sind nicht ungewöhnlich. „Hidden" deshalb, da viele Namen außerhalb der Branche unbekannt sind. Es handelt sich meist um Produktionsunternehmen, die Teile beispielsweise für die Automobilindustrie liefern, die nicht sichtbar sind wie etwa Armaturen, Bremsen, Ventile, Dichtungen oder Licht. Andere Unternehmen liefern Roboter oder Lackieranlagen, die ebenfalls im Endprodukt nicht zu sehen sind. Wenn sich diese Unternehmen dann auch noch außerhalb der Metropolen befinden, tun sie sich schwer, Mitarbeiter zu gewinnen. Allein im Main-Neckar-Tauber Gebiet befinden sich über 20 Weltmarktführer. Das sind gute Anlaufstellen für Job-Hunter, da die Produkte nicht als „sexy" wahrgenommen werden und sich die Arbeitgeber somit nicht im Top-Ranking befinden. Dabei können die Einstiegskonditionen in solchen Firmen äußerst interessant sein. Vor wenigen Wochen sprach ich mit einem Leiter Konzernrevision eines Stuttgarter Unternehmens mit zwei Milliarden Umsatz. Dieses Familienunternehmen zahlt keinem Hochschulabgänger weniger als 5.000 Euro pro Monat. In der Zentrale sind über tausend außertariflich Angestellte beschäftigt, die alle einen Firmenwagen fahren. Dennoch tut sich dieses Unternehmen schwer, neue Mitarbeiter zu finden.

Da das Stichwort schon gefallen ist, lohnt sich ein Blick auf die großen Familienunternehmen in der Bundesrepublik. Die *Wirtschafts-*

woche bestätigt: „Die größten Familienunternehmen sind eine tragende Säule der deutschen Wirtschaft. Obwohl die rund 4.500 größten Familienunternehmen nur 0,1 Prozent aller Unternehmen in Deutschland ausmachen, erwirtschaften sie 20 Prozent des Gesamtumsatzes in Deutschland."

- Konzerntochter

In Deutschland sind viele Niederlassungen ausländischer Konzerne vertreten. Häufig haben diese eine überschaubare Anzahl an Mitarbeitern. Die Fertigung findet vielfach woanders statt. Es werden zum Beispiel Vertriebsaktivitäten oder logistische Dienstleistungen erbracht. Dazu gehören dann neben Vertrieb und Lagerwesen Funktionen wie Kundendienst, Einkauf, Finanzen, Personal. Die Gehälter sind meist mit denen des Mittelstands vergleichbar – mit Ausnahme von ein oder zwei Personen. Bei dieser Art der Unternehmensorganisation fällt die Übernahme der Konzernprozesse auf, die fast immer wesentlich besser beschrieben und durchdacht sind als beim Mittelstand. Das ist auch logisch, denn in der fernen Konzernzentrale finden bestimmte Mitarbeiter ihre Daseinsberechtigung darin, dass sie Abläufe, Dokumente und Prozeduren bis zur Perfektion optimieren und aktualisieren. Diese müssen dann „nur" noch übersetzt werden. Auch arbeiten Konzerntöchter meistens mit der neuesten Kommunikationstechnologie und EDV-Programmen. Durch die überschaubare Anzahl an Mitarbeitern wird Anonymität weitestgehend vermieden. Die Ordnung und Struktur nimmt man meist weniger als Fessel denn als Leitfaden wahr. Für diese relativ heile Welt kann die Unberechenbarkeit der Konzernmutter aber durchaus zur „Bedrohung" werden.

- Konzernzentrale

Sitzt man im „Headquarter", sieht die Situation schon wieder ganz anders aus. Die Anzahl der Mitarbeiter vor Ort kann manchmal mehrere Tausend betragen. In diesem Gebilde hat der Einzelne nicht länger die Möglichkeit, die Gesamtbelegschaft kennenzulernen. Eine Konsequenz kann das Einigeln sein. Die Kommunikation vollzieht sich hauptsächlich über E-Mails. Da man (etwas übertrieben) „sowieso nicht weiß", wo sich der andere Mitarbeiter befindet, kann es sein, dass man dem Nachbarbüro digitale Nachrichten sendet. Hier treffen häufig gewisse Vorurteile zu: Aufgeblasene Strukturen, die niemand mehr zu überblicken scheint, langsame Entwicklungsmöglichkeiten und viel Politik bei gleichzeitig überdurchschnittlichen

Gehältern und State-of-the-Art-Technik. Ist man recht weit oben angesiedelt, bieten sich natürlich Einblicke in Strategie, Steuerung und Kontrolle, die einmalig sind. Es ist im Übrigen einfacher, vom Konzern in den Mittelstand zu wechseln als umgekehrt (obwohl manch Mittelständler meint, dass der Konzernmitarbeiter „verdorben" sei).

■ Gesundheitswesen

1

Nicht immer muss es die Wirtschaft sein. Eine offensichtliche Zukunftsbranche ist das Gesundheitswesen. Viele haben sich in der Vergangenheit bewusst dafür entschieden, da sie nicht BWL studieren, sondern am Menschen arbeiten wollten. Doch für eine große Gruppe der 40-Jährigen und Babyboomers (in allen Funktionsbereichen zu finden, vom Chefarzt über die Verwaltung bis zum Pflegepersonal) gab es ein böses Erwachen. Plötzlich hielt das Controlling Einzug in die Krankenhäuser, es sollten Budgets erstellt werden. Was nicht eingeplant war, gab es auch nicht. Die Fallpauschalen bedeuteten für viele das Ende der Menschlichkeit (und ein Ende der Zeit, die man den Patienten widmen konnte). Pflegepersonal wird – wie allgemein bekannt – nicht übermäßig großzügig honoriert. Und wer einst den Ausgleich in der Sinnsuche sah, befindet sich derzeit in der Orientierungslosigkeit. Andere sehen die Herausforderung gerade darin, in dieser Branche als Pioniere Neuland zu betreten. Private Konzerne wie Helios, Asklepios, Rhön und Sana gewinnen an Boden.

Aber auch werteorientierte Krankenhäuser, die ihre Grundlage auf der Diakonie basieren, professionalisieren sich. So schließen sich zunehmend Häuser aus einer bestimmten Region oder gar bundesweit zu einem Verbund zusammen. Viele Mitarbeiter suchen hier die Gratwanderung zwischen Wirtschaftlichkeit und Zeit für die Patienten. Das Thema „Der Mensch im Mittelpunkt" steht im Vordergrund, auch wenn die Umsetzung der Werteorientierung nicht immer leicht fällt. Beispiele sind die größte AGAPLESION-Gruppe oder auf eine Region bezogene Häuser wie ATEGRIS (Ruhrgebiet), aber auch der Zusammenschluss von in einer Stadt bekannten Häusern wie ALBERTINEN (Hamburg).

Schwer tun sich die kommunalen Einrichtungen, die als Einzelkämpfer vielfach zu klein sind, um von einer gewissen Größenordnung zu profitieren. Jede Abteilung muss vorhanden sein: IT, Einkauf, Finanzwesen, während bei den Gruppen diese Service-Abteilungen für den Gesamtkonzern arbeiten können. In der Vergangenheit stand hier die Wirtschaftlichkeit nicht primär im Vordergrund. Heute sind diese Häuser manchmal ein Dorn im Auge der Krankenhäuser, die ihre Erträge aus eigener Kraft erwirtschaften müssen. Sie empfinden es als unlauteren Wettbewerb, dass kommunale Häuser häufig aus politischen Gründen subventioniert werden. Es wird prognostiziert, dass noch 20 bis 30 Prozent aller Krankenhäuser in den kommenden Jahren schließen werden.

■ Behörden

Entscheidet sich jemand für eine Behörde, hat er meist auch die Absicht, dort längerfristig zu bleiben. Es herrscht Transparenz bei der Vergütung, Klarheit über Weiterbildungsmöglichkeiten, eine gewisse Sicherheit und Schutz gegen Kündigung. An manchen Stellen wird hart gearbeitet. Das ist jedoch nicht überall der Fall. Ich habe Bewerber betreut, die – ausnahmsweise – nach 15 Jahren doch einmal sehen wollten, ob noch etwas anderes möglich wäre. Die Gehälter liegen dabei in der Regel etwas unterhalb des vergleichbaren Einkommens in der Wirtschaft. Dafür gibt es im Gegenzug häufig andere Sozialleistungen. Für viele liegt der Mehrwert in der Berechenbarkeit, Sicherheit und Kontinuität.

■ Bildungswesen

Manche sehen genau in diesem Bereich ihre Berufung, bleiben hängen oder kehren wieder dorthin zurück. Derjenige, der zum Beispiel nie etwas anderes gesehen hat als eine Universität, wird häufig unruhig. Das „wirkliche Leben" lockt und viele wollen sichtbare Ergebnisse sowie die Resultate ihrer Entscheidungen sehen. Andere kehren nach ihren Erfolgen in der Wirtschaft an die Uni zurück. Sie sehen darin einen Sinn und haben Spaß am Unterricht oder der akademischen Forschung. Auch hier ist Transparenz bei der Vergütung gegeben. Dieser Karriereweg ist häufig mit einer guten und rechtzeitigen Netzwerkpflege verbunden.

■ Non-Profit-Organisationen

Solche Organisationen können sehr unterschiedlich aussehen. Von Brot für die Welt, über SOS-Kinderdorf, Ärzte ohne Grenzen, Christoffel-Blindenmission, World-Vision oder Greenpeace. Des Weiteren gibt es natürlich Stiftungen. Ich habe einst auch eine solche Organisation beraten. Sie verfügte in Deutschland über ein Spendenaufkommen in Höhe von knapp 100 Millionen Euro und ein weltweites Spendenbudget von 2,7 Milliarden Dollar! Fast alle seriösen gemeinnützigen Organisationen versuchen – verständlicherweise –, äußerst gewissenhaft mit den Spendengeldern zu wirtschaften, damit möglichst viel dem Organisationszweck zugutekommt. Dennoch werden manchmal erstaunlich üppige Gehälter bezahlt. Auch hinter der Fassade der Gemeinnützigkeit herrscht nicht immer Frieden. Eine Dosis Idealismus ist aber dennoch sehr hilfreich, wenn man einen Wechsel zu einer solchen Organisation in Betracht zieht.

1 An dieser Stelle möchte ich auch noch die GIZ – Deutsche Gesellschaft für Internationale Zusammenarbeit – nennen (manchmal auch dem Staatsdienst zuzurechnen) oder die Arbeit bei internationalen Behörden.

In all den genannten Unternehmensorganisationen darf eines nicht vergessen werden: die Nationalität. Es würde den Rahmen sprengen, hierauf an dieser Stelle fundiert einzugehen. Ich kann nur sagen: Die Nationalität der Muttergesellschaft prägt die Kultur und somit das tägliche Arbeitsklima ganz entscheidend. Dies darf nicht unterschätzt werden. Dazu eine kurze Verdeutlichung: Amerikanische Konzerne erkennen Leistung an. Ausbildung ist gut und hilfreich, muss aber in der Praxis unter Beweis gestellt werden. Eine – wenn auch scheinbare – Nähe kann dennoch sympathisch wirken. Vielfach ist die europäische Kultur unbedeutend und das jeweilige Land nur Absatzmarkt. Gearbeitet wird wie in den USA. Was gut für die Staaten ist, muss auch in Europa funktionieren.

Ein guter Freund arbeitete bei einem israelischen Konzern. Die Feindschaft, welche diesem Land während seiner ganzen Geschichte entgegengebracht wird, hat eine Kultur des Misstrauens und der Kontrolle geprägt. Bei Franzosen und Engländern herrscht ein stärkeres Elite-Denken vor, wie es auch im eigenen Land von Bedeutung ist. Bei asiatischen Konzernen sind die Hierarchien mit allen Facetten deutlicher ausgeprägt – angefangen bei Ehre bis hin zum „Gesichtsverlust".

Gehalt

Der krönende Abschluss aller Überlegungen ist natürlich das Gehalt, das Sie verdienen möchten. Logischerweise stehen Ihre Antworten auf die vorherigen Fragen in einem direkten Zusammenhang mit dem angestrebten Zielgehalt.

Befreien Sie sich bitte von einer zu starken Vorstellung, dass jedes Gehalt für eine Position im Vorfeld festgelegt wird. Sicherlich sind bestimmte Stellen tariflich gebunden. Der Betriebsrat übt in manchen Unternehmen sein Mitsprachrecht sehr ausdrücklich aus. Dennoch ist häufig ein recht großer Handlungsspielraum vorhanden.

Versuchen Sie, sich im Vorfeld schlauzumachen, wie eine gewisse Position bewertet wird. Wahrscheinlich kennen Sie das Gehaltsgefüge aus Ihren vorherigen Unternehmen. Fragen Sie im Bekanntenkreis nach. Immer wieder veröffentlichen Beratungsunternehmen wie Kienbaum, Towers Watson oder die Hays Group Gehaltsvergleiche. Für wenig Geld finden Sie im Internet auch Gehaltschecks, deren Wert man aber nicht allzu ernst nehmen darf. Die unterschiedlichen Portale liefern auf alle Fälle einen Mittelwert.

Legen Sie sich – nach Möglichkeit – im Vorfeld schriftlich nicht zu früh fest, was die Vergütung angeht. Wenn der Sympathiefaktor nach einem ersten persönlichen Kennenlernen mit ins Spiel gekommen ist, sind häufig noch andere Möglichkeiten gegeben als die, welche nur auf dem Papier erkennbar waren.

Praxis-Tipp:

Lassen Sie sich nicht von Ihrem derzeitigen Gehalt leiten! Eine Lieblingserkundigung künftiger Arbeitgeber ist die Frage nach Ihrer derzeitigen Vergütung. Diese Frage müssen Sie nicht beantworten. Sie reden schließlich über eine künftige Tätigkeit. Für eine gewisse Leistung soll auch ein marktgerechtes Gehalt bezahlt werden. Dies hat nichts mit Ihrem derzeitigen Einkommen zu tun, wenn Sie die geforderte Leistung in adäquater Weise erbringen werden.

Beispiel:

Ich begleitete einen Siemens-Geschäftsführer, der die Verantwortung einer asiatischen Niederlassung übernommen hatte. Da er nach seinem Studium bei Siemens angefangen hatte, blieben die großen Gehaltssprünge aus, die er erzielt hätte, wenn er das Unternehmen gewechselt hätte. Nachdem er in die Zentrale nach München zurückkehren sollte, beschäftigte er sich mit Alternativen. Er hatte „Freiheit" kennengelernt und wollte sich ungern erneut in die Konzernzentrale eingliedern. Aufgrund seines Werdegangs und der Qualifikation lag die Vermutung nahe, dass er deutlich mehr verdienen würde, als es jetzt der Fall war. Ich habe ihm geraten, lediglich über seinen Anspruch an ein künftiges Gehalt zu reden und nicht seinen derzeitigen Verdienst zu erwähnen.

1

Das Gleiche spielt – häufig in späteren Jahren – in umgekehrter Form eine Rolle. Gestandene Manager mit Mitte 50 suchen vielfach einen Job, der zu ihnen passt, ohne dass sie an politische Spiele, Profilierungszwänge oder auch einem Status der Vergangenheit anknüpfen müssen. Ein deutscher Manager war längere Zeit für das niederländische Geschäft eines deutschen Automobilherstellers verantwortlich. In dieser Position verdiente er 350.000 Euro Jahresgehalt. Er war durchaus bereit, mit 55 für weniger Geld zu arbeiten. Aber *Downsizing* ist in Deutschland noch immer schwer vermittelbar. Es wird angenommen, dass eine solche Person die Position aus „Verzweiflung" akzeptiert, aber bald verschwunden ist, wenn das vorherige Gehalt wieder erzielt werden kann. Eine andere Interpretation: Die Person hat bestimmt einen Burn-Out hinter sich und ist nicht länger bereit oder in der Lage, eine adäquate Leistung zu erbringen. Diesem Niederlassungsleiter habe ich geraten, auch nicht über das vorherige oder derzeitige Gehalt zu sprechen, sondern lediglich über die Zielvergütung im Einklang mit der anvisierten Position. Er fand eine neue Heimat bei einem Hidden Champion, übrigens erneut in einer Niederlassung in den Niederlanden.

Nun sind wir mit dem Kapitel „Delphi: Erkenne dich selbst" am Ende. Sie haben eine Bestandsaufnahme der eigenen Person vorgenommen und sich mit Ihrer Persönlichkeit auseinandergesetzt. Vieles war Ihnen bestimmt schon bewusst. Fassen Sie nun bitte alles noch einmal auf einer Seite zusammen. Übertragen Sie die wichtigsten Erkenntnisse der Workshop-Seiten auf die nachfolgende Checkliste. Diese wird Sie im Bewerbungsprozess unterstützen bei:

- der Positionierung (Erarbeiten eines optimalen Profils)

- dem Verfassen professioneller Bewerbungsunterlagen, vor allem dem Anschreiben und gegebenenfalls der Dritten Seite

- dem Führen von Vorstellungsgesprächen

Delphi: Wer bin ich? Bestandsaufnahme der eigenen Person

Innere Motivation	Natürliche Fähigkeiten
(nach Verhaltens-Tendenzen dominant, initiativ, stetig, gewissenhaft)	(Umgang mit Gegenständen, Menschen, Informationen, Kreativität)
Werte	**Angelernte Fähigkeiten**
(Wofür will ich bekannt sein? Was will ich realisiert haben?)	(die mir Spaß machen, z. B. Sprachen, EDV)
Verantwortungsbereitschaft	**Umzugsbereitschaft**
(als Fach- und Führungskraft; Zeit, die ich bereit bin zu investieren)	(vorhanden – Ja/Nein?, tägliche Reisezeit, die ich in Kauf nehme)
Regionale Präferenzen	**Reisebereitschaft**
(Inland/Ausland)	(Dienstreisen, Häufigkeit, Dauer, Europa/weltweit)
Unternehmensprofil	**Zielgehalt**
(an der Börse notiert, Konzern, mittelständisch, vom Inhaber geführt, Branche, Nationalität)	(Brutto-Jahresgehalt, weitere Gehaltsbestandteile wie Firmenwagen, Altersvorsorge etc.)

1

Mein Profil: Ein neuer Blick auf meine Vita

2

In völlig anderem Licht

Sie wollen sich pro-aktiv und initiativ auf dem Arbeitsmarkt positionieren. Wir hatten dieses Vorgehen bereits mit einem Marktplatz verglichen. Im Fall des Äpfelverkäufers stellen Sie den Apfel dar. Etwas plakativ gesagt, schaltet beim normalen Bewerbungsverfahren der Arbeitgeber eine Anzeige. Darauf erhält er mehrere Reaktionen. Nun kann er daraus frei wählen und das für sein Empfinden beste „Preis-Leistungs-Verhältnis" auf dem Arbeitsmarkt erzielen, indem er sich für einen Bewerber entscheidet.

2

Beim Erschließen des verdeckten Arbeitsmarktes dreht nun der Bewerber den Spieß um. Im Vorwort lasen Sie bereits meine Erfahrung mit einer *FAZ*-Anzeige. Ich habe meine Ware – nämlich mich selbst – feilgeboten und für mein Gefühl das beste Preis-Leistungs-Angebot ausgewählt, indem ich mich für einen Arbeitgeber entschieden habe. Vom Objekt bin ich zum Subjekt geworden. Ich bin kein Bittsteller und muss nicht sagen: „Bitte nehmt mich." Nein, ich bin ein Problemlöser: „Hier bin ich, tut euer Interesse kund und ich werde mich entscheiden."

Wie bereits einige Male angedeutet, ist am Anfang des Bewerbungsprozesses die Festlegung Ihres Profils eine der Hauptaufgaben. Hier lässt sich mehr Kreativität einbringen, als Sie vielleicht annehmen. Sie sind nämlich keineswegs festgelegt aufgrund Ihrer Ausbildung und Ihres bisherigen Werdegangs. An dieser Stelle ist nun Ihre Interpretation gefragt.

Beispiel:

Wenn Sie Sekretärin waren, sagt diese Funktion sehr wenig über die ausgeübten Tätigkeiten aus. Diese könnten zum Beispiel folgendermaßen aussehen:

- viel Schriftverkehr, exzellente Erfahrung mit MS-Office, gelegentlich eine Powerpoint-Präsentation und einfachere Aufgaben in Excel

- Überwachung des Terminkalenders der vorgesetzten Stelle, Koordination und Abstimmung mit anderen Abteilungen sowie Entscheidungsträgern, Abschirmung des Chefs, typisches Vorzimmermanagement, Koordination von zwei Halbtagskräften

- Assistenz, eigenständige Verantwortungsbereiche, anspruchsvolle Ausarbeitungen, Erstellung von Vorlagen, geklärte Aufgaben und Kompetenzbereiche
- allgemeine Sekretariatsaufgaben

Die Sekretärin sucht nun nach einer Positionierung auf dem Verdeckten Arbeitsmarkt. Nehmen wir doch ein einfaches Beispiel: Sie schreibt eine Initiativbewerbung. Nun muss sie Farbe bekennen und äußern, für welche Stelle sie sich bewirbt. Sie mutmaßt, dass die Bezeichnung „Sekretärin" irreführend sein könnte. Jeder Arbeitgeber assoziiert mit dem Wort andere Aufgaben. Daher nennt sie sich möglicherweise in der Reihenfolge der obigen Aufgabengebiete:

- Büroassistentin
- Office Managerin
- Management Assistentin
- Kauffrau für Bürokommunikation (bei entsprechender Ausbildung)

Ich wiederhole: Es ist nicht entscheidend, welche Ihre vorherige Stellenbeschreibung war, wie die Funktion hieß und wie sie im Organigramm dargestellt wurde. Viel wichtiger ist, was Sie wirklich gemacht haben, wofür Sie Anerkennung ernteten und was Ihnen Spaß gemacht hat. Kurz: Wo lagen Ihre Erfolge und Ergebnisse? Dies ist die Geschichte, die Sie zu erzählen haben. Dazu müssen Sie jetzt das passende Profil mit der entsprechenden Bezeichnung finden.

FAQ

Frage: *Herr Zeylmans, das hört sich schön an. Aber was ist, wenn die Mosaiksteine nicht zusammenpassen? Ich habe viel gemacht, aber ich weiß nicht genau, wie ich mich „verkaufen" kann.*

Antwort: *Ja, es ist durchaus realistisch, dass wir uns auch solche Beispiele ansehen. Natürlich möchte der künftiger Arbeitgeber nur für die Leistung „bezahlen", die er auch gebrauchen kann. Silvia studiert zum Beispiel Architektur. Während der kommenden sieben Jahre findet sie nur unbezahlte Praktika oder erhält im besten Fall befristete Arbeitsverträge. Dazwischen klaffen* *immer wieder Löcher. Frustriert nimmt sie das Angebot vom Arbeitsamt an und lässt sich zur Steuerfachgehilfin umschulen.*

In der Realität verfügt Silvia nun mit 36 Jahren über die gleiche Qualifikation (und fehlende Berufserfahrung) wie Wettbewerber, die zehn Jahre jünger sind. Vermutlich wird sie sich mit dem gleichen Gehalt zufriedengeben müssen, Alter an sich wird nicht honoriert. Möglicherweise hat sie jedoch in der Arbeitgeberwahrnehmung doch noch einige Vorteile gegenüber einem Berufsanfänger anzubieten. Sie kennt Organisationsabläufe und sie hat vielleicht unter Beweis gestellt, dass sie sich selbst organisieren kann und es gewöhnt ist, am PC zu arbeiten.

2

Sehen wir uns noch einige Positiv-Beispiele an:

Sie waren bisher vielleicht im Verkauf unterwegs. Sie stellen fest, dass Ihnen die administrativen Tätigkeiten immer am meisten Spaß gemacht haben. Sie waren im Verkauf durchschnittlich erfolgreich, sind aber exzellent strukturiert und organisiert. Außerdem sitzen Sie gern am PC. Bei der Neu-Orientierung streben Sie eine Stelle im Verkaufsinnendienst an. Ihre Zeit wird planbarer. Außerdem sind Sie weniger unterwegs, was Sie zusätzlich motiviert. Wenn Sie diesen authentischen roten Faden verinnerlicht haben, werden Sie diesen jedem Arbeitgeber überzeugend darlegen können. Ihr Profil als „Mitarbeiter Vertriebsinnendienst" ist nachvollziehbar und glaubwürdig. Sie untermalen diese Positionierung – kurz und aussagekräftig – mit entsprechenden Argumenten im Anschreiben. Im Vorstellungsgespräch bekräftigen Sie Ihr Profil.

Der Maschinenbauingenieur, der im Produkt-Management gelandet ist, hat Erfahrungen mit einer Produktpalette gesammelt. Er hat die entsprechenden Verkaufsargumente (Claims) ausgearbeitet und kennt sowohl die technischen Spezifikationen seiner Geräte als auch den vom Kunden empfundenen Nutzen. Dem Ingenieur bereitet die Kommunikation schon immer eine besondere Freude. Die schönsten Tage sind die, welche zusammen mit der Agentur beim Brainstorming über die bevorstehenden Kampagnen verbracht werden. Auch bindet er intern gern die Produktentwicklung, die Kalkulation und das Marketing in seine Projekte mit ein. Gelegentlich fährt er mit dem Vertriebsmitarbeiter zum Kunden, falls die Gespräche zu technisch werden könnten. Bei der Neu-Orientierung liebäugelt er mit der „großen weiten Welt". Er will in den Vertrieb wechseln und seine kommunikativen Fähigkeiten beim Kunden unter Beweis stellen. Auf seiner Stirn steht nicht geschrieben, wie er seine Zeit bisher eingeteilt hat. Auch weiß der neue Arbeitgeber nicht, wo seine Stärken und Schwächen liegen. Die bisherige Stellenbezeichnung im Unternehmen sagt nur begrenzt etwas über die Person aus. Sie kann aber den Tätigkeitsbereich aufschlüsseln und interpretieren. Der potenzielle Arbeitgeber wird dem Ingenieur zunächst unbefangen gegenübersitzen, zuhören und sich mit recht großer Wahrscheinlichkeit von der (wahren) Geschichte überzeugen lassen.

Bewerber, die auf mehrere Jahre im Beruf zurückblicken, stellen fest, dass sie viele unterschiedliche Erfahrungen gesammelt haben. Möglicherweise waren Sie gerade bei denjenigen Tätigkeiten herausragend, die Sie weniger oft ausgeübt haben (z. B. strategische Entscheidungsfindungsprozesse). Oder Sie haben eine hohe Anerkennung erlangt für Leistungen, die nicht unmittelbar mit Ihrem Aufgabengebiet zusammenhingen (z. B. Konfliktbewältigung).

2

Bevor Sie den nächsten Schritt machen, sollten Sie noch einmal einen neuen Blick auf Ihre Vita werfen. Es kann sein, dass für Sie völlig klar ist, wie Ihre neue Stellenbezeichnung auszusehen hat. Sie waren zehn Jahre Kundenbetreuer in einer Bank. Und selbstverständlich wird das auch Ihre neue Stelle sein. Aber vielleicht haben Sie eine richtungsweisende Entwicklung erlebt und erst im Laufe der Zeit stellten Sie fest, wo Ihre besonderen Stärken liegen und was Ihnen anerkanntermaßen gut gelungen ist. Dies gilt es nun zu definieren.

Im Gegensatz zum vorhergehenden Kapitel handelt es sich in diesem Kapitel nicht länger um Ihre Persönlichkeit, sondern um Ihre Leistung bei den ausgeübten Tätigkeiten. Schreiben Sie nicht unbedingt die Geschichte fort, indem Sie lediglich mehr vom Gleichen machen. Nutzen Sie die Chance und legen Sie ein Profil fest, das optimal zu Ihnen passt. Die persönliche Interpretation Ihrer Leistungsbilanz ist aussagefähiger als jede Job-Description.

Der folgende Workshop kann Ihnen dabei helfen:

Workshop: Positionierung

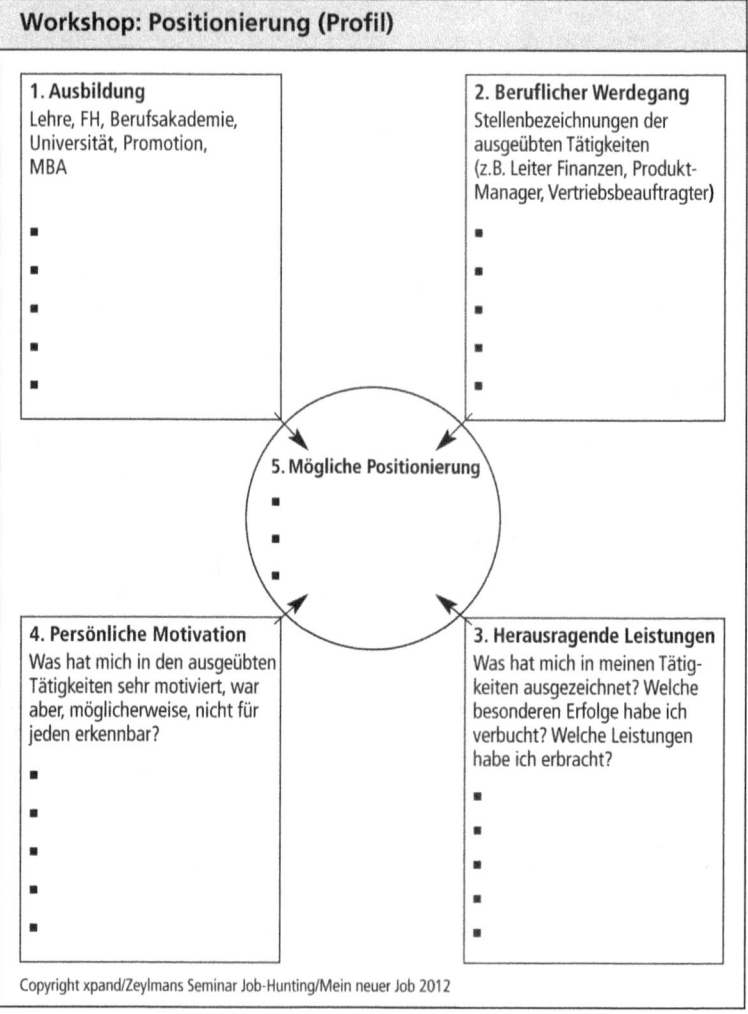

Workshop: Positionierung (Profil)

1. Ausbildung
Lehre, FH, Berufsakademie, Universität, Promotion, MBA

-
-
-
-
-

2. Beruflicher Werdegang
Stellenbezeichnungen der ausgeübten Tätigkeiten (z.B. Leiter Finanzen, Produkt-Manager, Vertriebsbeauftragter)

-
-
-
-
-

5. Mögliche Positionierung

-
-
-

4. Persönliche Motivation
Was hat mich in den ausgeübten Tätigkeiten sehr motiviert, war aber, möglicherweise, nicht für jeden erkennbar?

-
-
-
-
-

3. Herausragende Leistungen
Was hat mich in meinen Tätigkeiten ausgezeichnet? Welche besonderen Erfolge habe ich verbucht? Welche Leistungen habe ich erbracht?

-
-
-
-

Copyright xpand/Zeylmans Seminar Job-Hunting/Mein neuer Job 2012

1. Ausbildung

Diese Angaben dürften Ihnen nicht schwerfallen. Ist ein roter Faden erkennbar oder sollten Sie sich an dieser Stelle schon Gedanken machen, wie die einzelnen Mosaiksteinchen zusammenpassen?

2. Beruflicher Werdegang

Führen Sie zunächst einfach die Stellen auf, die Sie innehatten. Wenn der Zusammenhang erklärungsbedürftig erscheint, überlegen Sie sich, welche Kenntnisse aus jedem beruflichen Abschnitt verwertbar sind. Möglicherweise haben Sie gelernt:

- zu organisieren
- zu verkaufen
- selbstständig zu arbeiten
- auf die Bedürfnisse von Kunden einzugehen
- Durchsetzungsvermögen zu zeigen

2

3. Herausragende Leistungen

Führen Sie auf, wofür Sie bekannt waren und was Ihnen besonders gut gelungen ist – auch wenn dies möglicherweise auf den ersten Blick wenig mit der Stellenbezeichnung zu tun hat. An dieser Stelle noch einige weitere Beispiele:

- Als Lagerleiter haben Sie aufgrund Ihrer menschlichen und gerechten Vorgehensweise viel geleistet und bewirkt, weil Sie den Krankenstand nach Ihrem Eintritt nachweisbar verringern und für ein überzeugendes Betriebsklima sorgen konnten.

- Als Callcenter-Leiter waren Sie für Ihre Kreativität bekannt. Sie haben auf den wechselnden Personaleinsatz mit neuen Zeitmodellen reagiert. Ihre Konzepte wurden vom Betriebsrat gut aufgenommen.

- Sie waren aufgrund Ihrer kommunikativen Fähigkeiten der erste Qualitätsmanager, den man intern nicht als „Feind", sondern als Unterstützer gesehen hat. Qualität wurde somit nicht nur dokumentiert, sondern auch „gelebt".

- Als Produktmanager lagen Ihnen Produktpräsentationen immer sehr am Herzen. Sie haben sich persönlich um die Rahmenbedingungen, die mit dem Bereich „Eventmanagement" zu tun hatten, gekümmert. Sie waren in der Lage, Ihre Zuhörer zu begeistern.

- Unter Ihrer Ägide als Niederlassungsleiter stieg die Kunden-zufriedenheit sprunghaft an (dokumentiert durch die jährliche Standardbefragung während drei aufeinanderfolgender Jahre). Das lässt sich auf Ihre Begeisterung für Kunden zurückführen. Schwierige Kunden gab es für Sie nicht, und Reklamationen waren für Sie stets eine Gelegenheit, Kunden noch enger an das Unternehmen zu binden.

4. Persönliche Motivation

Vielleicht hat Ihr Herz für solche Aspekte Ihrer Tätigkeit geschlagen, die nicht für jeden auf den ersten Blick erkennbar waren. In Ihrer nächsten Funktion möchten Sie sich mit diesen Themen intensiver befassen.

- Sie waren froh, die Vielzahl der Informationen selbst in einer Excel-Tabelle zusammengefasst zu haben. Die Tabelle wurde laufend perfektioniert und mit Makros versehen. Sie haben Ihrem Team die Funktionalität erläutert, und dieses hat das Tool dankbar aufgegriffen. Seitdem funktioniert die Arbeit in Ihrer Gruppe noch besser. Sie wären froh darüber, wenn Sie in Ihrer nächsten Funktion mehr am Computer entwickeln und Prozesse optimieren könnten.

- Sie haben mit Ihren sieben direkten Mitarbeitern vier Mal im Jahr Mitarbeitergespräche geführt. Es hat Ihnen sehr viel Spaß gemacht, mit Ihren Direct-Reports Ziele zu vereinbaren, Fortschritte festzustellen und Wertschätzung zum Ausdruck bringen zu können. Außerdem hatten Sie ein exzellentes Auge für das Potenzial Ihrer Mitarbeiter und deren Weiterentwicklung. Sie liebäugeln mit einem Wechsel in den Bereich „Personalentwicklung" oder „Leadership-Training".

- Bei der Produktentwicklung haben Sie immer gern Seiten in PowerPoint erstellt. Die Präsentationen ermöglichten es Ihnen, aus der Introvertiertheit der Forschung auszubrechen. Sie könnten sich – aufgrund Ihrer exzellenten Produktkenntnisse – durchaus vorstellen, in den Sales-Bereich zu wechseln.

- Als Teamleiter verfügen Sie zwar nicht über eine große Anzahl von Mitarbeitern; Sie sind aber sehr dankbar, dass Sie sich nun weniger um die Details kümmern müssen. Dafür investieren Sie mehr Zeit in die Entwicklung einer Vision für Ihr Team, die Erarbeitung von

Zielsetzungen sowie in die Strategie, wie diese Ziele erreicht werden können. Dabei verlieren Sie Ihre Mitarbeiter nicht aus den Augen. Daher ist es für Sie sehr naheliegend, weniger operativ und mehr strategisch-visionär zu arbeiten.

■ In Ihrer Tätigkeit sind Sie einmal pro Woche zum Firmenhauptsitz gefahren. Sie haben es genossen, nicht so festgelegt zu sein. Außerdem arbeiten Sie aufgrund Ihres Biorhythmus lieber abends als morgens. Sie würden gern über mehr Flexibilität und Gestaltungsfreiheit verfügen. Sie denken darüber nach, ob ein Homeoffice ideal für Sie wäre.

Die Beispiele haben gezeigt, was mit „Positionierung" in den vier relevanten Bereichen Ausbildung/Beruflicher Werdegang/Herausragende Leistungen/Persönliche Motivation gemeint ist. Erstellen Sie nun Ihr eigenes Positionierungsprofil. Notieren Sie, was Ihnen zu sich und den vier Bereichen einfällt. Nutzen Sie auch die Gelegenheit, mit anderen darüber zu sprechen. Aus solchen Gesprächen ergeben sich möglicherweise weitere Perspektiven, die Sie zunächst nicht in Betracht gezogen hätten. Halten Sie das Ergebnis Ihres Positionierungsprofils fest. Sobald Sie sich darüber klar geworden sind, können Sie sich der Formulierung einer aussagekräftigen Bewerbung widmen.

Sinnvollerweise überprüfen Sie nun die möglichen Positionierungen aus dem Kreis (Ziffer 5) mit der Checkliste am Ende von Kapitel 1. Zu Beginn Ihres Werdegangs experimentieren Sie mehr und lernen sich immer besser kennen. In den reiferen Jahren nimmt die Selbstreflexion zu. Dann ist es von zunehmender Bedeutung, dass die berufliche Tätigkeit nicht nur mit der fachlichen Kompetenz im Einklang ist, sondern auch mit der intrinsischen Motivation.

Auch wenn es durchaus möglich ist, dass Sie im Laufe Ihrer Karriere die Schwerpunkte noch verlagern, weise ich durchaus auf die Bedeutung einer fundierten Lebensplanung hin. Es gibt eine Reihe von wissenschaftlichen Untersuchungen, die nachweisen, dass Personen, die planen – und diese Zielsetzung mit Aktionen versehen, um ihre Ziele auch zu erreichen –, erfolgreicher sind. Erfolgreich im Sinne der Zielerreichung, und auch nach monetären Maßstäben.

Dabei gibt es drei wichtige Bereiche zu berücksichtigen. Und je schneller man sich über eigene Zielvorstellungen im Klaren ist, umso besser:

- Fach- oder Führungskarriere?

Es ist noch weit verbreitet, dass die Karriere-Entwicklung zwingend mit der Übernahme von Personalverantwortung verbunden ist. In der Zwischenzeit ist die Einsicht bei manchen Unternehmen gereift, dass diese Karrierepfade nicht immer sinnvoll sind. Zu häufig haben Unternehmen eine gute Fachkraft verloren und dafür eine schlechte Führungskraft gewonnen (und damit – zusätzlich – Mitarbeiter demotiviert). Die Einsicht setzte sich durch, dass „führen" auch eine Begabung ist – und nicht nur eine Kompetenz, die antrainiert werden kann. Das Nachdenken über die Frage wurde ausgerechnet durch die Generation Y verstärkt. Die neuen Jahrgänge sind zu 60 Prozent nicht zur Personalführung bereit. Anders aufgewachsen, haben sie weniger Lust, vom Kollegen zum Chef zu werden. Sie sehen nicht ein, wieso sie sich den Stress der Konfliktbewältigung antun sollen. Zu häufig haben sie beobachtet, dass ein Teamleiter aus dem Team ausgeschlossen wurde und eine einsamere Existenz lebte. Diese Generation möchte Verantwortung übernehmen, inhaltlich arbeiten und eine gute Leistung erbringen. Unternehmen standen somit vor der Fragestellung, diese qualifizierten Mitarbeiter entweder zu verlieren oder ihnen eine fachliche Karriere zu ermöglichen. Zunehmend bieten Firmen jeder Größenordnung nun auch eine Laufbahn als Fachexperte an. Ohne die Übernahme von Personalverantwortung ist eine Entwicklung möglich, die monetär von allen Gehaltsbestandteilen und von der Hierarchie der Führungslaufbahn gleichgestellt ist. Wo sehen Sie Ihre Präferenzen?

- Generalist oder Spezialist?

Im Mittelalter hat jemand als Lehrling angefangen, wurde Geselle und dann vielleicht Meister. Manche hatten einen Ruf über die Region hinaus als Künstler – vielleicht im kreativen, architektonischen Bereich oder als Waffenschmied. Auch heute ist es möglich, sich entsprechend zu spezialisieren. Das kann als Bilanzspezialist für Unternehmensübernahmen und Due Diligence Verfahren sein. Im Bereich Legal Council für Produktschutz auf globalen Märkten. Oder als IT-Architekt mit der Programmiersprache Progress. Es gibt auch Spezialisierungen, die sich in einem recht engen Markt bewegen. Dazu zähle ich beispielsweise den Pressesprecher, den Executive Search Consultant oder den Regulatory Affairs Manager für Generika. Hier gibt es Vor- und Nachteile. In diesen Nischenbereichen hat man wenig Konkurrenz zu befürchten. Dafür gibt es auf diesem Gebiet aber auch weniger Einsatzmöglichkeiten.

Schauen wir uns noch das Beispiel Supply Chain Management an. Es gibt Spezialisten für die Bereiche Planung, Global Sourcing, Strategischer Einkauf, Operativer Einkauf, Transport-Logistik, Lagerwesen, Arbeitsvorbereitung, Produktion, Distribution und Logistik-Controlling. Darüber hinaus gibt es den Generalisten als Supply Chain Manager, der von allem Ahnung hat, wahrscheinlich aber seine Fachexpertise in einem der genannten Bereiche vorweist. Wo befinden sich Ihre Vorzüge?

■ Erfahrung auf unterschiedlichen Gebieten oder Spezialisierung auf eine Branche?

Verkauf ist Verkauf. Es kommt immer auf die Person an. Auch werden Empathie, ein gewinnendes Wesen und Beratungskompetenz gefordert. Wer dazu noch Verhandlungsgeschick und Abschlusssicherheit mitbringt, scheint als Verkäufer gut aufgestellt. Gleichwohl ist es fragwürdig, ob derjenige, der bisher IT-Lösungen verkauft hat, die Leistungen morgen im Bereich Lebensmittel wiederholen kann.

Und wenn die Kompetenzen wirklich übertragbar sind, stellt sich dennoch die Frage, ob die Person auch in einem anderen Branchenumfeld glücklich wird. Wer Controller in einem Fashion-Unternehmen war, ist nicht zwingend beim Hersteller von Medizintechnik zufrieden, oder gar im Krankenhaus. In der Modebranche wird Attraktivität und Selbstbewusstsein verkauft, im Gesundheitswesen die Linderung von Schmerzen und die Lebensverlängerung. Entscheiden auch Sie sich nach Möglichkeit für eine Branchenspezialisierung oder sammeln Sie bewusst Berufserfahrungen auf unterschiedlichen Gebieten.

Je entschiedener Sie sind, desto klarer ist Ihre Geschichte, umso überzeugter können Sie kundtun, wohin Sie wollen. Unterschätzen Sie nicht die *Story,* die Sie – spätestens im Vorstellungsgespräch – zu erzählen haben. Wenn diese als authentisch wahrgenommen wird, schneiden Sie wahrscheinlich gut ab gegenüber dem Wettbewerb. Denn Arbeitgeber stellen gern Mitarbeiter ein, die wissen, was sie anstreben. Wie soll jemand, der für das eigene Leben nicht weiß, wohin die Reise gehen soll, dazu im Unternehmen in der Lage sein?

Bewerbungsunterlagen:
Die Verpackung meiner Persönlichkeit

3

Interesse wecken

In der Einleitung haben Sie eine Einführung in den verdeckten Arbeitsmarkt erhalten. In Kapitel 1 wurde Ihnen ein Spiegel vorgehalten. Wer sind Sie? Wie beschreiben Sie Ihre Persönlichkeit – mal völlig unabhängig von Ihrem Arbeitsumfeld? Im zweiten Kapitel standen Ihre bisherigen Errungenschaften im Vordergrund: Was ist Ihnen bisher außergewöhnlich gut gelungen? Auf welchen Gebieten haben Sie Siege gefeiert?

Der Abschluss des vorigen Kapitels war die Einladung, beide Aspekte zusammenzubringen: Persönlichkeit und Werdegang. Daraus sollten Sie für sich ein Profil entwickeln, mit dem Sie nun den offenen (und verdeckten) Arbeitsmarkt erschließen wollen. Aber da gibt es noch etwas. Wenn Sie an eine Vielzahl von Unternehmen herantreten möchten, ist dies in den wenigsten Fällen persönlich möglich. Sie sind gezwungen, Ihre ganze Identität und alles, was Sie sagen möchten, als „Geschenk" zu verpacken, das man gerne öffnet.

Das ist natürlich nicht ganz einfach, vor allem, wenn man kaum darin geschult wurde! Es kommen viele erfolgreiche Fachspezialisten und Führungskräfte zu mir, die sehr genau wissen, wie mit Milliarden umgegangen werden muss. Sie können Strategien erarbeiten, Organisationsstrukturen aufbauen, Mitarbeiter führen. Wenn es sich aber darum handelt, Werbung in eigener Sache zu betreiben, bekommen sie Schwierigkeiten. Bei vielen bestand bisher noch nie dieser Bedarf. Sie wurden direkt von der Uni weggepflückt und dann über Empfehlungen oder einen Headhunter in die nächste Position befördert. Nun aber muss Neuland betreten werden.

Es lohnt sich, beizeiten einen Perspektivenwechsel vorzunehmen. Marketingfachleute meinen, dass jeden Tag – je nach Region – zwischen 3.000 und 10.000 Eindrücke auf uns einprasseln. Die Konsequenz: Wir nehmen selektiv wahr. Innerhalb weniger Teile von Sekunden entscheiden wir, was für uns interessant ist und was nicht. Wir blättern in Zeitschriften, sehen uns Litfaßsäulen an, lassen uns vom Fernseher berieseln, hören Radio im Auto und schlendern an den Regalen im Supermarkt vorbei, wo 20 verschiedene Spülmittel-Marken um unsere Aufmerksamkeit buhlen. Allein schon aus Selbstschutz gehen 99 Prozent aller Informationen an uns vorbei.

Dabei steht hinter jedem Produkt, jeder Information und jeder Anzeige ein Team von Personen, denen ein bestimmtes Budget zur Verfügung steht. Ihr größter Wunsch: aus der Masse herauszuragen und die Aufmerksamkeit potenzieller Kunden zu erzielen. Für all diese Menschen ist das Produkt oder die Dienstleistung, die sie bewerben, mitunter das Wichtigste in ihrem Leben. Es sichert ihr Gehalt. Dahinter steckt im Normalfall eine hohe Motivation, den Job richtig zu machen. Dennoch werden die Kunden dadurch oft kaum beeinflusst.

Drehen wir den Spieß einmal um: Nun sind Sie das „Produkt". Sie möchten den Personalberater, den Human Resources Manager, den Fachbereichsleiter, den Personalreferenten ansprechen und überzeugen. Selbstverständlich sind Sie einzigartig. Sie haben sich viel Mühe gegeben mit Ihrer Bewerbung. Das sollte auch honoriert werden. Versuchen Sie auf der anderen Seite zu verstehen, dass ein Headhunter viele Bewerbungen zugesandt bekommt. Auch er schützt sich und muss selektiv entscheiden, mit welchen Lebensläufen er sich überhaupt auseinandersetzen soll. „Ja", werden Sie nun sagen, „aber wenn ein Unternehmen eine Stelle ausschreibt, wird es sich doch wohl mit allen Zuschriften befassen?" Ich behaupte nicht das Gegenteil – aber die Herausforderung liegt weiterhin darin, zu den Top-Bewerbungen zu gehören. Jeder Personaler ist froh, wenn er eine grobe Selektion vornehmen und die Vorauswahl vielleicht auf fünf gute Bewerbungen reduzieren kann.

Eine Befragung zeigte, dass Entscheidungsträger den Unterlagen bei der Erstdurchsicht weniger als zwei Minuten widmen. Und ich sage Ihnen: Diese sind „froh", wenn sie Kriterien finden, die legitimieren, dass die Bewerbung zur Seite gelegt werden kann. Umso schneller kommen die „fünf" Bewerbungen zusammen, welche die Auslese des Auswahlverfahrens sein sollten. Das ist eine ernst zu nehmende Hürde, die wenig Fehler erlaubt. Gehen Sie nicht davon aus, dass der Arbeitgeber alle Ihre Zeugnisse durchliest, um darin Ihre Leistungen dokumentiert zu finden. Auch wird er bei der Erstbetrachtung nicht akribisch den zehnseitigen Lebenslauf studieren. Je „langweiliger" die Bewerbungsunterlagen sind (sprich: der Inhalt interessiert einfach nicht), umso rascher wird die Bewerbung zur Seite gelegt.

Aber auch wenn Sie faszinieren, gilt es, diese Begeisterung aufrechtzuerhalten. Sie kennen das. Sie sehen sich im Internet gerade aktuelle Meldungen an. Eine Headline in der Online-Ausgabe des *manager magazins* oder der *Wirtschaftswoche* animiert Sie, einen Artikel aufzurufen. Völlig unbewusst überlegen Sie, ob Sie hier überhaupt landen wollten. War die fettgedruckte Überschrift ausschlaggebend für einen schnellen Einstieg in den Bericht? Oder möchten Sie vielleicht auch ein paar nette Bilder dazu sehen? Dann beruhigt es Sie wahrscheinlich, wenn der Artikel in Absätzen verfasst ist. Dies gibt Ihnen das Gefühl, jederzeit wieder „aussteigen" zu können. Über all das haben Sie nicht bewusst nachgedacht. Wie in einem „Flash" ist das in zwei Sekunden an Ihnen vorbeigelaufen. Aber auch wenn Sie die Entscheidung bewusst getroffen haben, den Artikel tatsächlich lesen zu wollen, bleiben Sie weiterhin kritisch. Werden Ihre Erwartungen erfüllt? Ist der Beitrag spannend geschrieben? Bringt die Zeit, die Sie mit dem Artikel verbringen, für Sie einen Nutzen? Gleichzeitig sind Sie anspruchsvoll. Sie wollen „Entertainment". Wenn Sie sich schon mit Sinnvollem befassen, soll es außerdem noch Spaß machen.

Ihrem Gegenüber geht es nicht anders. Die Herausforderung dabei: Während beim *SPIEGEL, Stern* und *FOCUS* professionelle Journalisten die Beiträge verfassen, sind Sie in dieser Materie weitgehend ungeübt! Doch zunächst gilt: Personaler sind Menschen wie Sie und ich!

Emotionalität und Rationalität

Während unseres gesamten Lebens werden wir ständig vom Verstand und gleichzeitig von Gefühlen gesteuert. Das ist nicht neu. Immer deutlicher aber wird der Nachweis erbracht, in welchem Maß uns Emotionen beeinflussen. Vor wenigen Jahren waren die Forscher noch auf Befragungen angewiesen, um den Prozentsatz zu ermitteln. Sie führten Interviews und konnten aus empirischen Beobachtungen ihre Schlüsse ziehen. Erst seit wenigen Jahren spielt dabei die Neurologie eine wichtige Rolle. Das bedeutet: Auch wenn der Mensch sich selbst überlistet und meint, dass er zum Beispiel keine Zigarette rauchen möchte, kann sein Gehirn eine andere Sprache sprechen. Entsprechend leuchten die betreffenden Gehirnregionen auf.

Martin Lindstrom gibt in seinem Buch *Buy-ology* ein spannendes Beispiel davon, wie wir uns selbst etwas vormachen. Er beschreibt den bekannten „Schlückchen-Test" aus dem Jahr 1975. Damals wurden Passanten in Shoppingmalls in den USA gebeten, aus zwei unbeschrifteten Bechern zu trinken und anschließend zu sagen, welches Getränk (Coca-Cola oder Pepsi-Cola) besser schmecke. Das Ergebnis: Mehr als die Hälfte der Probanden bevorzugten die Pepsi-Cola.

28 Jahre später wurde genau derselbe Test wiederholt – mit dem gleichen Ergebnis! Allerdings weitete man den Versuch aus. Dieses Mal wurde zusätzlich getestet, wie Probanden sich entschieden, wenn die Becher von Anfang an beschriftet waren. Das Ergebnis: 75 Prozent der Passanten entschieden sich in diesem Fall für Coca-Cola!

Wir sollten von der Aussage Abstand nehmen, dass es sich bei uns Menschen allein um rationale Wesen handle. An dieser Stelle noch eine andere Geschichte, ebenfalls aus den USA. Es ist allgemein bekannt, wie sehr die Amerikaner Hamburger lieben. Am liebsten natürlich gegrillt statt in der Pfanne gebraten. Nun, wie bereitet McDonalds seine Hamburger zu? Auf dem Grill? Nein! Das macht der Wettbewerber Burger King! Dieses Unternehmen weiß sogar so sehr um die Vorlieben der Amerikaner (und der Deutschen), dass auf den Bildschirmen hinter den Tresen Flammen lodern und man Sie mit den einladenden Worten „hot" willkommen heißt. Und dennoch – das mit Abstand erfolgreichere Unternehmen ist McDonalds.

Aber man muss gar nicht so weit in die Ferne blicken. Der VW Konzern bietet seinen Sharan im Konzernverbund auch als Seat an. Da heißt das identische Auto *Alhambra*. Identisch? Fast – nur der Kühlergrill, die Stoßfänger und die Heckleuchten unterscheiden sich. Ansonsten ist alles gleich. Allerdings kostet der *Alhambra* 3.000 Euro weniger. Hier die berechtigte Überlegung, warum wir nicht alle Seat fahren …

Ich habe mir bewusst so viel Zeit für diese Thematik genommen, da sie im Bewerbungsverfahren teilweise völlig missachtet wird. Sowohl bei der Erstellung von Bewerbungsunterlagen als auch beim Vorstellungsgespräch.

Wir unterliegen dem Irrtum, dass Qualität entscheidet. Wir meinen, dass Personaler objektiv zwischen uns und anderen Bewerbern vergleichen und entscheiden können. Daher weisen wir ausführlich auf unsere formale Qualifikation hin, vernachlässigen aber die Beschreibung der persönlichen Kompetenz oder ignorieren die Bedeutung eines gewinnenden Bewerbungsbildes.

Es kann durchaus vorkommen, dass einige sehr geübte Personalmanager in der Lage sind, sich von zu schnellen Festlegungen und Sympathien wieder loszukoppeln. Doch einerseits habe ich nur ganz wenige Personen getroffen, die dies konnten (meist Diplom-Psychologen in Assessment-Centern). Und zweitens – und dies wurde bereits zu Beginn des Buches angesprochen: Die Hauptentscheidung trifft in der Regel eine Fachabteilung, in der keine Personalprofis arbeiten.

Sehen Sie es mir also bitte nach, wenn ich in diesem Buch noch einige Male auf diese Fakten zu sprechen komme. Ich möchte keineswegs „schlitzohrig" erscheinen. Mein Ziel besteht nicht darin, Sie zu „blenden". Aber Sein und Schein sollten im Einklang sein. Es ist dramatisch, wenn Sie zwar über ein hohes Potenzial verfügen, aber nicht in der Lage sind, dieses auch zu vermarkten. Unglücklicherweise geschieht genau dies recht häufig!

Digitale oder Papierbewerbung?

Bevor wir uns mit den einzelnen Fragestellungen der Bewerbung befassen, erlaube ich mir, dieses – für manche – wenig zeitgemäße Thema anzusprechen. Traditionelle Bewerbung auf Papier? Das war gestern – meinen viele. In den USA werden Unterlagen zu 95 Prozent digital versandt. Und lese ich nicht immer wieder, dass Unternehmen digitale Unterlagen bevorzugen? Das ist doch für alle einfacher. Und kostengünstiger! Oder?

Das Karriereportal *Stellenanzeigen.de*, das ausschließlich von der digitalen Übermittlung von Stellenangeboten und Bewerbungen lebt, publizierte im Jahr 2010 folgende Ergebnisse einer Umfrage:

„Bereits jedes vierte Unternehmen erhält Bewerbungen am liebsten elektronisch. Das ergibt eine Erhebung des Bundesverbandes Bitkom. Außerdem schreiben 95 Prozent der Unternehmen in Deutschland freie Stellen online aus.

Insgesamt 27 Prozent der befragten Firmen bevorzugen eine Kontaktaufnahme per E-Mail oder Web-Formular. 19 Prozent bevorzugen dabei E-Mails und acht Prozent wünschen sich Bewerbungen über ein Web-Formular auf der Firmen-Homepage. 61 Prozent plädieren noch für eine schriftliche Bewerbungsmappe. 12 Prozent haben keine Präferenz. ‚Die Papiermappe ist auf dem Rückzug‘, sagt Bitkom-Präsident Prof. Dr. August-Wilhelm Scheer. ‚Der Kontakt zu einem neuen Arbeitgeber entsteht immer öfter online. Das spart Bewerbern wie Firmen Zeit und Kosten.‘

Arbeitgeber aus Informationstechnik und Telekommunikation setzen noch stärker auf Online-Bewerbungen als andere Branchen. Im Hightech-Sektor bevorzugen 38 Prozent der Verantwortlichen elektronische Verfahren."

61 Prozent aller Arbeitgeber bevorzugen – zumindest in 2010 – noch immer die Zusendung einer papierenen Bewerbungsmappe. Verstehen Sie mich bitte nicht falsch. Mittlerweile sind einige Jahre vergangen. Natürlich ist es richtig, wenn Sie Ihre Bewerbung digital versenden. Gleichzeitig lohnt es sich, für einen Moment innezuhalten und sich zu fragen, ob das traditionelle Verfahren ebenfalls Vorteile bietet.

Und hier sind wir wieder beim Thema „Emotionalität". Meine These: Kaum ein Entscheider ist in der Lage, sich der ganzheitlichen Wirkung einer professionellen Bewerbungsmappe zu entziehen! Die Optik und Haptik spielen dabei eine entscheidende Rolle.

Dr. Hartwig Jaeger beschreibt in seinem Buch *Krankenhaus ohne Angst*, wie die Patienten die Qualität eines Krankenhauses einschätzen: „Ist der Rasen im Innenhof ungepflegt und gibt es auf den Stationen auffällige Spuren der Abnutzung, so schließt der Patient daraus auf mangelnde Sorgfalt im Umgang mit den Patienten und verliert das Vertrauen in den Stand der Medizintechnik im Krankenhaus."

Vielfach haben Sie mit einer traditionellen Bewerbung die Möglichkeit, mehrere Sinne anzusprechen. Bei der digitalen Bewerbung können Sie „nur" mit dem Inhalt überzeugen. An sich ist das prima. Meine Erfahrung aus der Praxis: Auf viele Faktoren haben Sie überhaupt keinen Einfluss. Wenn Ihre Bewerbung ausgedruckt wird, kommt ein tolles Farbbild vielleicht schwarz-weiß aus dem Drucker. Möglicherweise gab es gerade einen Papierstau. Es wird nur ein Drittel der Unterlagen ausgedruckt und weitergereicht ... Oder gesetzt den Fall, das Postfach des Empfängers ist voll: Was ist da einfacher, als einige E-Mails zu löschen, um Platz zu schaffen für wichtige Neuigkeiten. Natürlich ist das alles ein bisschen überspitzt – aber nicht realitätsfern!

Sehen wir uns im Gegenzug die „perfekte" Papierbewerbung an (auf die Einzelheiten soll später noch näher eingegangen werden). Die Verpackung sieht verlockend aus: Ein weißes Kuvert mit Kartonrückwand und Sondermarken lässt durch das Kuvert-Fenster bereits einen ersten Blick auf das Anschreiben zu. Ein Tesafilm sorgt dafür, dass das Kuvert verschlossen ankommt, was nicht immer der Fall ist. Der Fachbereichsleiter zieht den Inhalt aus dem Kuvert und hält ein Anschreiben sowie eine transparente Bewerbungsmappe in der Hand. Das Papier des Anschreibens liegt mit 100 g/qm angenehm und hochwertig in der Hand. Es handelt sich dabei um zwei Seiten, die mit einer Eckenklammer zusammengehalten werden. Die Schrift ist großzügig und animiert zum Lesen. Viele Leerzeilen sorgen dafür, dass das Anschreiben „atmet". Die zweite Seite ist nur zur Hälfte gefüllt. Sie wurde gut leserlich mit einem blauen Füller unterschrieben. Der Adressat hat noch nichts gelesen. Ihm fällt aber auf, dass das Anschreiben personalisiert wurde. Statt „Sehr geehrte Damen und Herren" ist sein Name eingetragen.

Interessiert sichtet der Entscheidungsträger die restlichen Unterlagen. Die Bewerbungsmappe ist schlicht – und doch edel. Statt für eine geschlossene Mappe hat sich der Bewerber für ein Unikat mit transparentem Deckblatt entschieden. Auf dem Deckblatt ist der Unternehmensname ersichtlich, die Position, auf die sich der Bewerber bewirbt, sowie die Kontaktdaten des Kandidaten. Dieser hat unter „Profil" nochmals die wichtigsten Gründe zusammengefasst, warum sich das Zielunternehmen für ihn und nicht für einen Mitbewerber entscheiden sollte. Außerdem ist ein relativ großes, aber nicht zu dominantes Bild auf dem Deckblatt befestigt. Man erkennt sofort, dass es sich hier um ein hochwertiges Fotografenbild handelt, das sympathisch wirkt. Beim ersten Durchblättern wird die Struktur der Dokumente in der Mappe rasch ersichtlich: Der Lebenslauf mit beruflichen Stationen, Zeitangaben und Hauptaufgaben. Darunter Ergebnisse, Leistungen und Erfolge. Außerdem die klassischen Anlagen wie Uni-Abschluss, Zeugnisse und Weiterbildungen. Von allem nicht zu viel und nicht zu wenig.

30 Sekunden sind verstrichen. Die Qualität überzeugt. Der Fachbereichsleiter ist positiv eingestimmt. Er wird eher nach Beweisen suchen, mit seiner ersten Einschätzung richtig gelegen zu haben, als kritisch jede Aussage auf die Goldwaage zu legen. Zumal er andere Bewerbungen gesehen hat, an denen er gleich mehrere Punkte auszusetzen hatte.

Beispiel:

Vor eineinhalb Jahren besuchte ein ehemaliger langjähriger SIEMENS-Mitarbeiter mein Seminar *Job-Hunting*. Er hatte das Unternehmen im Guten verlassen, um sich erfolgreich selbstständig zu machen. So kam er dann auch nicht für sich, sondern um die Prinzipien des verdeckten Arbeitsmarktes besser zu verstehen. Dies nur am Rande. Das Interessante: Bei SIEMENS war er die letzten sieben Jahre für die Nachwuchsförderung der High-Potentials im Bereich „Talent-Management" verantwortlich. Seine Aufgabe bestand darin, pro Jahr 70 neue hochkarätige Mitarbeiter einzustellen.

Auch hier zeigte sich, dass er – als Mitarbeiter der Personalabteilung – zwar Fachabteilungen beraten konnte; die Entscheidung für eine Einstellung wurde letztlich jedoch von der entsprechenden Fachabteilung getroffen. Als ich in meinem Seminar an den Punkt angekommen war, an dem ich über die Möglichkeiten der Papierbewerbung sprach, machte der ehemalige SIEMENS-Mitarbeiter folgende Bemerkung: „Herr Zeylmans, das deckt sich mit meiner Erfahrung. Bei SIEMENS konnte ich feststellen, dass sich die Fachabteilungen – bei gleicher Qualifikation der Kandidaten – drei bis viermal mehr für die Bewerber entschieden, die uns eine Papierbewerbung zugesandt hatten." Die Aussage war für mich derart sensationell (da meine Beobachtungen, die ich bis dahin nie quantifizieren konnte, plötzlich bestätigt wurden), dass ich ihn bat, mir diese Aussage schriftlich zuzusenden. Fazit: Es wurden also zunächst drei- bis viermal mehr Kandidaten zu einem Vorstellungsgespräch eingeladen, die eine traditionelle Mappe geschickt hatten. Diese Kandidaten waren mit Sicherheit nicht besser qualifiziert als die Bewerber, die sich digital beworben hatten. Aber da sie mit erhöhtem Prozentsatz zum Vorstellungsgespräch eingeladen wurden, galt dies auch für die Einstellungsquote. Es überraschte mich doch sehr, dass gerade ein Unternehmen wie SIEMENS noch so viele Papierbewerbungen erhielt. Das hätte ich eher beim Mittelständler vermutet. Dies zeigte mir gleichzeitig, dass einfach nicht jeder qualifizierte Bewerber bereit ist, 45 Minuten Zeit in das Hinterlegen der Bewerberdaten in einem Online-Portal zu investieren – in diesem Fall offensichtlich mit gutem Ergebnis!

3

Zusammenfassend sei gesagt: Eine Bewerbung wird ganzheitlich wahrgenommen. Die Optik und Haptik tragen zur Qualität erheblich bei. Es gibt keine zweite Chance für einen ersten Eindruck. Die Meinung, ob eine Bewerbung grundsätzlich überzeugt, wird in den ersten Sekunden getroffen. Mit einer Papierbewerbung stehen Ihnen noch andere Möglichkeiten zur Verfügung als mit einer E-Mail- oder Online-Portal-Bewerbung. Es sind selten nur die Zahlen, Daten und

Fakten, die überzeugen. Ihre Persönlichkeit spielt eine bedeutende Rolle. Der erste wahrgenommene Qualitätseindruck der Unterlagen wird auf Ihre Qualifikation als Bewerber übertragen.

Aus diesem Grund sehen wir uns zunächst die Erarbeitung der Unterlagen in Papierform näher an. Es ist ein Leichtes, die Bewerbung – soweit wie möglich – anschließend zu digitalisieren. Wir schließen dieses Kapitel mit Aspekten ab, die Sie berücksichtigen sollten, wenn Sie Ihre Bewerbung per E-Mail versenden oder in einem Portal hinterlegen.

Abschließend möchte ich natürlich nicht leugnen, dass die Papierbewerbung auf dem Rückzug ist. Wenn ein Unternehmen entweder auf der Website oder in einer Anzeige klar zum Ausdruck bringt, dass es keine Papierbewerbung erhalten möchte, dann sollte man die Geduld nicht strapazieren. Gleichwohl betone ich, dass in Deutschland 99,7 Prozent aller Unternehmen KMU (Klein- und mittelständische Unternehmen mit bis zu 250 Mitarbeiter) sind. Hier sind 65 Prozent aller sozialversicherungspflichtigen Beschäftigten angestellt. Und hier werden 37,5 Prozent aller Umsätze erwirtschaftet. Wir sollten uns noch einmal vor Augen führen, dass gerade diese Unternehmen häufig nicht über eine professionelle digitale HR-Struktur verfügen, mit der sie eingehende Bewerbungen adäquat verwalten.

Ich wage es zu behaupten, dass ein Bewerber auch im zweiten Dezennium des neuen Millenniums ohne schlechtes Gewissen eine traditionelle Bewerbung an Klein- und mittelständische Unternehmen senden darf. Einmal freut sich der Entscheidungsträger häufig über eine Bewerbung, die noch „angefasst" werden kann. Und, wie wir bereits gesehen haben, ist die Lebensdauer einer solchen Bewerbung vielfach von mehr Nachhaltigkeit geprägt als von ihrem digitalen Pendant.

Das Versandkuvert

Was hat das Kuvert mit Ihrer Bewerbung zu tun? Vordergründig natürlich nichts! Wir haben aber gesehen, dass der Arbeitgeber Sie nicht kennt, Sie kaum einschätzen kann und unsicher ist. Wenn ich persönlich Personal einstelle, sage ich meinen Mitarbeitern immer, dass ich zusammen mit den Unterlagen auch den Umschlag sehen möchte. Wenn ich darüber in meinen Seminaren spreche, passiert es durchaus, dass auch Teilnehmer von ähnlichen Erfahrungen aus ihrem Unternehmen berichten.

Beispiel:

Wenn ich einen Unterlagencheck vornehme, sage ich den Kunden, sie sollen mir eine Bewerbung zusenden, und zwar in der Form, wie sie diese auch einem Arbeitgeber zukommen lassen würden. Vor einiger Zeit erhielt ich die Unterlagen eines promovierten Mathematikers. Das braune Kuvert von billigster Qualität kam geöffnet bei mir an. Es war erstaunlich, dass der Inhalt noch vollständig vorhanden war. Eilig war mein Name – noch dazu fehlerhaft – handschriftlich auf dem Kuvert vermerkt. Eine Automatenmarke klebte schief auf dem Kuvert.

Wen wundert es, dass ich nach diesem ersten Eindruck die Unterlagen auch weiterhin kritisch betrachtete – und weitere „Fehler" fand. Wenn der erste Eindruck überaus positiv ist, „verzeiht" man einen Fehler vielleicht noch und sieht diesen als Ausnahme an. In diesem spezifischen Fall half die formale Qualifikation keineswegs, um die fehlende Sorgfalt auszugleichen.

Diese Geschichte hat noch ein „lustiges Ende". Als ich von diesem Erlebnis in einem Seminar erzählte, meldete sich ein Teilnehmer und meinte: „Das war ich." Wir haben beide herzlich gelacht. Dieser Teilnehmer hatte sich übrigens zu Beginn des Seminars vorgestellt und gemeint, dass die potenziellen Arbeitgeber seine Tür trotz hervorragender Qualifikation nicht „einrennen" würden. Nach Ablauf des Seminars machte er sich schleunigst daran, seine Unterlagen mit mehr Gewissenhaftigkeit zu individualisieren. Dann stellte er den Prozess auf den Kopf und schrieb zehn Top-Personalberater aus einer Aufstellung in der *Wirtschaftswoche* an. Daraus resultierten sieben Kontaktaufnahmen, die in vier Optionen in einem neuen Arbeitsverhältnis mündeten (was im Übrigen überdurchschnittlich viel ist).

Das Versandkuvert ist somit Ihre allererste Visitenkarte. Es prägt unweigerlich den ersten Eindruck.

Doch was hat sich nun in der Praxis als sinnvoll erwiesen?

Braun oder weiß?

Ein weißes Kuvert wirkt hochwertiger. Als meine Kinder noch kleiner waren und vor mir die Post in die Finger bekamen, verwendeten sie die braunen Kuverts für ihre ersten Malversuche. Kurz: Die Farbe Braun weckt Assoziationen mit Schmierpapier.

Es stellt sich eine weitere Frage: In welcher Form soll die Anschrift auf das Kuvert? Natürlich gibt es hier mehrere Möglichkeiten:

Handgeschrieben

In unserer digitalen Zeit gewinnt die Handschrift fast schon wieder an Bedeutung. Dennoch rate ich davon ab. In vielen Fällen wirkt dies wie eine „Notlösung". Vor allem bei älteren Bewerbern kann der Eindruck entstehen, dass die Technik nicht ausreichend beherrscht wird, um eine andere Lösung herbeizuführen.

Auch gibt es immer wieder „Hobby-Graphologen". Ich arbeitete für einen Bauunternehmer in München. Dieser Kunde suchte Personal und wünschte sich eine Handschriftenprobe für graphologische Gutachten. Dieses Thema möchte ich nicht zu sehr vertiefen. Wenn dieses Verfahren auch in anderen Ländern Anerkennung findet, ist die Bedeutung in Deutschland äußerst gering. Dennoch können Sie nicht ausschließen, dass der potenzielle Arbeitgeber in Ihre Handschrift Persönlichkeitsmerkmale hineininterpretiert, die das Auswahlverfahren beeinflussen. Vielleicht haben Sie zu klein geschrieben, zu groß, zu unregelmäßig oder ... zu fehlerhaft!

Aufkleber

Diese Variante erscheint vielen als eine gute Lösung. An sich ist dagegen wenig einzuwenden. Es lauern jedoch auch hier wieder Gefahren:

- Farbe: Ich erhalte häufig Aufkleber, deren Farbe nicht übereinstimmt mit dem Kuvert. Das sieht unschön aus und kann sich negativ auswirken. Wir haben bereits gesehen, dass der Arbeitgeber unwillkürlich den ersten Eindruck auf die Arbeitsqualität des Bewerbers überträgt.

- Haftung: Es passiert regelmäßig, dass sich die Adressetiketten (teilweise) vom Kuvert lösen. Die losen Ecken vermitteln selbstverständlich keinen hochwertigen Eindruck. Es ist natürlich ungünstig, wenn Sie das Kuvert „sauber" zur Post tragen und es in einem desolaten Zustand beim Arbeitgeber eintrifft. Daher meine Empfehlung: Senden Sie sich selbst einmal Ihre eigene Bewerbungsmappe zu und überprüfen Sie, in welchem Zustand diese ankommt.

- Schriftart: Natürlich können Sie darüber selbst entscheiden. Es ist aber weniger schön, wenn die Schrift des Aufklebers von der Schriftart des Anschreibens und Lebenslaufs abweicht. Auch gibt es immer wieder Leute, die bei einer Druckerei extra eine Rolle mit Absenderaufklebern bestellt haben. Vielleicht in einer schönen Schnörkelschrift. Diese Aufkleber werden dann bevorzugt eingesetzt und – zusätzlich zum Adressenaufkleber – auf dem Kuvert angebracht. So stoße ich häufig auf Umschläge mit Adressenaufklebern in Schwarz und einer Absenderinformation in einer völlig anderen Schrift in Rot.

3

Auf das Kuvert gedruckte Adressangaben

Manche Bewerber verfügen über die technischen Möglichkeiten, das Kuvert in den Drucker einzulegen und die Adresse direkt aufzudrucken (bitte mit Laserdrucker). Diese Lösung ist sicherlich schön, aber nicht für jeden umsetzbar.

Fensterkuvert

Persönlich empfehle ich eine einfache Handhabung: Verwenden Sie doch ein weißes Fensterkuvert. Wenn Sie schon darin investieren, dann entscheiden Sie sich für die Version mit Kartonrückwand. Diese Kuverts sind zwar nicht überall vorrätig, können aber bestellt werden. In einem solchen Fall ist es geschickter, wenn Sie gleich 50 oder gar 100 Stück bestellen. Sicherlich erscheint der Preis im Moment etwas hoch, doch dafür haben Sie dann erst einmal Ruhe. Der Bewerbungsprozess wird von Ihnen genug Energie fordern. So kann es ganz hilfreich sein, nicht auch noch von der „Logistik" abgelenkt zu werden.

Diese Kuverts können Sie übrigens über das Internet problemlos bestellen. Alle großen Büro-Ausstatter (u. a. Printus, Büroplus, Office Discount, Schäfer Shop und OTTO) haben sie in ihrem Sortiment.

Briefmarken

Die Auswahl der Briefmarken wird Sie zwar nicht aus dem Auswahlverfahren hinauskatapultieren. Wie aber bereits beschrieben: Der Gesamteindruck zählt. Eine Sondermarke ist ein Sympathiefaktor. Überlassen Sie auch dabei nichts dem Zufall und unterschätzen Sie bitte nicht die Wirkung von Bildern, Farben und Symbolen. Eine farbenfrohe Marke mit lachenden Kindern hinterlässt einen anderen Eindruck als eine Gedenkmarke für Dietrich Bonhoeffer auf schwarzem Hintergrund. Sie erahnen es bereits – auch mit Ihrer Briefmarkenwahl kommunizieren Sie. Oder wie Paul Watzlawick so treffend feststellte: „Wir können nicht Nicht-Kommunizieren."

Als ich selbst Bewerber war, habe ich mir die Sondermarken zeigen lassen. Es war mir wichtig, Marken zu wählen, die mir selbst „sympathisch" und ansprechend erschienen. Ähnlich wie bei den Kuverts habe ich 50 Stück gekauft, auch dafür gibt es immer eine Verwendung. Und wer möchte sich schon täglich in die Warteschlange bei der Post einreihen, um den nötigen Tagesbedarf an Briefmarken zu kaufen. Doch bei der Wahl der Briefmarken sind Ihrer Kreativität keinerlei Grenzen gesetzt. Sie können sich – bei der aktuellen Frankierung von 1,45 Euro – etwa auch für eine 55-Cent-Marke und zwei Sondermarken im Wert von 0,45 Euro entscheiden.

An dieser Stelle noch ein letzter Hinweis, was die Briefmarken betrifft: Unter www.post-individuell.de können Sie mittlerweile sogar Ihre eigenen Briefmarken gestalten.

Verschluss

Es macht immer einen vorausschauenden Eindruck, wenn Sie den Umschlag noch mit einem Tesafilm verschließen. Auch hier überträgt der Arbeitgeber – womöglich unbewusst – ein solch präventives Verhalten auf Ihre künftige Arbeitsweise. Wenn Sie sich im Kleinen als vorausschauend erweisen, kann man dieses Verhalten im „Ernstfall" ebenfalls von Ihnen erwarten.

Das Anschreiben – die optische Gestaltung

Wir befinden uns noch immer am Anfang des Weges, den Ihre Bewerbung im Idealfall durchläuft. Das Versandkuvert wird geöffnet. Was hat der Adressat nun in der Hand? Häufig sehe ich, dass bei einer Papierbewerbung das Anschreiben in die Bewerbungsmappe integriert wurde.

Bei dreiteiligen Bewerbungsmappen ist dies zwingend vorgegeben. Mehr dazu aber später. Es gibt jedoch viele Bewerber, die das Anschreiben als erstes Blatt in ihre Mappe integrieren (sprich: einklemmen), selbst wenn es sich um eine einfache Bewerbungsmappe handelt.

Richtig ist, dass Ihr Anschreiben der Bewerbungsmappe gesondert hinzugefügt werden sollte. Wir haben bereits beim Thema „Kuvert" über einen Fensterumschlag gesprochen. In diesem Fenster zeigt sich Ihr Anschreiben zum ersten Mal. Die Absenderangaben können Sie oberhalb der Adresszeile ergänzen (z. B. in Schriftgröße 6 Punkt, unterstrichen), sodass diese ebenfalls innerhalb des Fensters lesbar werden.

Im Idealfall hält der Arbeitgeber nun zwei gesonderte Dokumente in der Hand. Einmal das Anschreiben und andererseits die Bewerbungsmappe. Dies macht auch Sinn, da das Unternehmen das Anschreiben (= Begleitschreiben) behält, selbst wenn es Ihre Bewerbungsmappe mit einem Begleitschreiben an Sie zurücksenden würde.

Wir sprechen an dieser Stelle noch nicht über den Inhalt des Anschreibens. Wir sehen uns zunächst diejenigen Aspekte an, die auch der Adressat im ersten Moment wahrnimmt.

Wichtig: Mir ist bewusst, dass mancher Bewerber sicherstellen möchte, dass Anschreiben und Lebenslauf einen gemeinsamen Weg durch das Zielunternehmen durchlaufen. Deshalb bevorzugen sie es, das Anschreiben in die Bewerbungsmappe zu integrieren. Dennoch ist dies formal unrichtig. Außerdem verdeckt das Anschreiben dann das Deckblatt (dazu gleich mehr), das ebenfalls für einen guten ersten – und auch späteren – Eindruck sorgen sollte.

Haptik

Wie fühlt sich Ihr Anschreiben an? Auch darüber möchte ich keine wissenschaftliche Abhandlung führen. Es macht jedoch einen Unterschied, ob das „übliche Kopierpapier" verwendet wird oder ein höherwertiges. Das herkömmliche Papier ist für Massenvervielfältigungen gedacht und kann entsprechend günstig erworben werden.

Florian Kohler, Papierfabrikant, äußerte sich einst in der *Piazza*, einer Sonderbeilage der *FAZ*, folgendermaßen:

„Papier ist ein Teil eines Gesamtauftrittes. Seine Wertigkeit wird jedoch nicht bewußt wahrgenommen, sondern intuitiv empfunden."

Besser kann ich es nicht zum Ausdruck bringen, denn hier ist jedes Wort stimmig. Bei der Papierqualität gehen dem Empfänger in weniger als einer Sekunde viele Empfindungen durch den Kopf. Sie alle sind nicht zu Ende gedacht – und dennoch gegenwärtig. Ich denke hier an Assoziationen wie:

- wertvoll

- anders

- angenehm

- mit Bedacht gewählt

- sichtlich bemüht

Ähnlich dem Kuvert und den Sondermarken soll hier dem Unternehmen gegenüber eine Wertschätzung zum Ausdruck gebracht werden.

Natürlich wäre es möglich, eine Bewerbung schneller fertigzustellen. Aber gerade die Tatsache, dass Sie sich Zeit genommen haben für Sorgfalt und Einzigartigkeit, zeugt von der Zeit, die Sie bereit waren zu investieren. Diese Bereitschaft Ihrerseits wird intuitiv wahrgenommen und – das ist Ihr Ziel – mit einer erhöhten Aufmerksamkeit honoriert. Natürlich muss dann im Anschluss auch der Inhalt stimmen.

Verwenden Sie daher für das Anschreiben 100 g/qm Papier, das meist nicht matt, sondern glänzend ist. Normales Kopierpapier hat 80 g/qm. Sie können auch Papier mit 120 g/qm wählen, aber das erinnert dann schon mehr an einen Karton.

Platz zum Atmen

Ich kann nur dazu raten, Ihr Anschreiben „atmen" zu lassen. Leider haben sich viele Anschreiben dem Diktat unterworfen, dass alle Informationen zwingend auf einem Blatt niedergeschrieben werden müssen. Es ist schon fast amüsant, all die kreativen Verrenkungen zu sehen, die dies ermöglichen sollen. Zunächst wird der Leerraum eines Blatt Papiers am oberen und unteren Rand „geopfert". Verdächtig hoch fängt dann das Anschreiben an – und äußerst tief hört es natürlich wieder auf.

Das zweite Opfer ist die Schriftgröße. Munter angefangen mit 12 Punkt wird die Schrift rasch auf 11 Punkt reduziert. Da dies aber wenig weiterhilft, wird das Anschreiben dann zügig auf 10 Punkt verkleinert. Nun, das sieht schon besser aus – zumindest konnte dadurch Platz gewonnen werden.

Gern wird am Textvolumen herumexperimentiert. Zuerst die freundliche Anrede, dann folgt die Erwähnung der Fach- und sozialen Kompetenz. Und den Personalleiter wollten Sie auch noch durch Ihren Lebenslauf führen. Doch schon wieder reicht die Seite nicht aus. Was nun?

Die rettende Erleuchtung: Es gibt noch etwas, auf das Sie verzichten können – die Leerzeilen! Endlich sind Sie am Ziel. Nachdem Sie derart im Mikrokosmos gearbeitet haben, sind Sie der Meinung, nun alles gewonnen zu haben. Aus der Makroperspektive gesehen haben Sie jedoch alles verloren – da der Arbeitgeber nicht länger bereit ist, in Ihr Anschreiben einzusteigen.

Wir alle gehen mit Vorliebe den bequemen Weg und scheuen uns, Energie zu investieren. Matthias Pöhm erzählt in seinem Buch *Vergessen Sie alles über Rhetorik*, dass Formulierungen wie „Professionalisierung der Kommunikationskompetenz" tödlich sind, weil dadurch keine Bilder beim Zuhörer entstehen. Man muss sich wirklich bemühen, um diese Aussage zu verstehen. Mit einer vollgeschriebenen Seite verhält es sich ähnlich. Der Empfänger hat das Gefühl, dass ein solches Anschreiben „No Way Out" bietet. Ein massiver Textblock „erschlägt". Es entsteht kein attraktives Bild im Kopf des Arbeitgebers. Er möchte sich mit dem Anschreiben nicht befassen.

Reduzieren Sie daher die Schriftgröße nicht weiter als 11 Punkt. Fügen Sie ausreichend Leerzeilen ein. Minimal vier bis fünf Leerzeilen sollten in Ihrem Text auf jeden Fall vorkommen. Dabei meine ich nicht diejenigen Leerzeilen unterhalb der Anrede oder oberhalb der Verabschiedung „Mit freundlichen Grüßen". Achten Sie weiterhin darauf, noch vernünftig unterschreiben zu können.

Haben Sie den Mut, auf zwei Seiten auszuweichen, wenn Sie glauben, wirklich etwas zu sagen zu haben – und dafür der Platz auf einer Seite nicht ausreicht. Dies wird erfahrungsgemäß häufiger der Fall sein bei Bewerbern, die etwas gereifter im Leben stehen oder etwas öfter als andere einen Arbeitgeberwechsel vorgenommen haben. Natürlich können diese Personen auch im gleichen Unternehmen geblieben sein, aber darin mehrmals eine andere Verantwortung übernommen haben.

Konsistenz

Spielen Sie nicht mit verschiedenen Schriftarten. Seien Sie auch äußerst sparsam mit der Kombination von verschiedenen Hervorhebungen. Bitte verwenden Sie die Varianten *kursiv*, **fett** und Normalschrift (teils noch unterstrichen) nicht zusammen auf einer Seite. Noch verwirrender sieht es aus, wenn außerdem verschiedene Schriftgrößen zum Einsatz kommen.

Anrede

Der Einfachheit halber zähle ich die Anrede in diesem Fall zur Optik. Verwenden Sie bitte nicht die Anrede „Sehr geehrte Damen und Herren". Genauso wenig sollten Sie Ihr Anschreiben an die „Personalabteilung" oder die „Geschäftsleitung" senden.

Nun werden Sie vermutlich sagen: „Das hört sich alles ganz nett an, Herr Zeylmans, aber so wird es doch in Anzeigen (falls Sie sich auf eine ausgeschriebene Stelle bewerben) gefordert." Auch bei einer Initiativbewerbung gibt es gar keine andere Möglichkeit – meinen Sie. Mein Tipp: Rufen Sie direkt beim Unternehmen an und fragen Sie nach dem Namen des Personalleiters oder des -referenten. Begründen Sie Ihr Anliegen – wahrheitsgemäß – mit der Aussage, dass Sie Ihre Bewerbung ungern an die „sehr geehrten Damen und Herren" versenden. Aus eigener Erfahrung heraus kann ich sagen, dass die Zentrale Ihnen in neun von zehn Fällen einen Namen nennt. In den restlichen 10 Prozent der Fälle fragen Sie, ob Sie Ihre Unterlagen dann der Person zusenden dürfen, mit der Sie gerade sprechen. Diese möge dann die Bewerbung bitte intern weiterleiten. Ich habe keinen einzigen Fall erlebt, in dem meine Bitte ausgeschlagen wurde.

Auch hier zeigen Sie wieder (wie mit den Sondermarken, der Papierqualität und vielen weiteren Feinheiten in Ihrer Bewerbung), dass Sie sich Zeit genommen haben für den potenziellen Arbeitgeber. Und Zeit ist – wie wir gesehen haben – ein Zeichen von Wertschätzung und Anerkennung. Dieses Unternehmen war es Ihnen wert, einen nicht notwendigen Teil Ihres Lebens zu investieren, um den Adressaten Ihrer Bewerbung ausfindig zu machen.

Ein positiver Nebeneffekt: Jemand im Unternehmen fühlt sich nun für Ihre Bewerbung zuständig. Sollten Sie einmal telefonisch nachfassen wollen, müssen Sie die zuständige Person nicht erst wie eine Nadel im Heuhaufen suchen. So können Sie sich nach zwei oder drei Wochen einmal bei Frau Schulze erkundigen, was aus Ihrer Bewerbung geworden ist. Da Empfänger dies sehr genau wissen, werden sie sehr bedacht darauf sein, was mit Ihren Unterlagen im Hause geschieht. Darüber hinaus werden Sie feststellen können, dass man Ihnen diese eher zurücksenden wird. Ein „Blindschuss" an „sehr geehrte Damen und Herren" läuft eher Gefahr, unkommentiert im Unternehmen zu verbleiben (hiermit möchte ich einzelne Unternehmen nicht diskreditieren – ich rede hier lediglich von generellen Beobachtungen).

Unterschrift

Wir befinden uns noch immer bei der optischen Gestaltung Ihres Anschreibens. Unterschreiben Sie mit einem blauen, nicht zu dünnen Füller. Das Anschreiben an sich ist schwarz-weiß. Nun soll etwas Farbe her. Leider ist die Auswahl begrenzt. Rosa ist nicht seriös genug, eine rote Unterschrift „schreit" zu sehr. Gelb ist unleserlich, Grün nicht businessadäquat, andere Farben zu sehr „Möchtegern". Bleibt also nur die Farbe Blau übrig.

Es sind nun zehn Sekunden verstrichen. Der Personalleiter hat das Kuvert in die Hand genommen, es begutachtet, geöffnet und dann den Inhalt herausgenommen. Für weitere fünf Sekunden betrachtet er das Anschreiben, liest flüchtig darüber und erhält eine Bestätigung seines ersten Eindrucks. Ob der Kandidat etwas „taugt" oder nicht, kann er noch nicht beurteilen. Auf alle Fälle ist er gespannt, ob sich die erste positive Einschätzung weiterhin in der Bewerbung fortsetzen wird. Nun sieht er sich die andere Bewerbungskomponente an, die er in der Hand hält: die Bewerbungsmappe.

Wie im wirklichen Leben schälen wir die Zwiebel von außen nach innen und beschreiben die Unterlagen in derjenigen Reihenfolge, wie diese auch vom Adressaten wahrgenommen werden. Wir sind noch bei der Optik. Erst danach folgt der Inhalt.

Die Bewerbungsmappe

Wer die Wahl hat, hat die Qual. Der Bewerber ist leicht überfordert, wenn er sich im Bürofachhandel umsieht. Dort gibt es alles Mögliche zu finden:

- undurchsichtige Mappen, meist mit dem Aufdruck oder der Prägung „Bewerbung" oder „Bewerbungsmappe" – aus Kunststoff, Papier, einfach oder dreiteilig

- Klemmmappen in den unterschiedlichsten Preislagen, mit verschiedenen Verschlüssen und durchsichtigen oder mattierten Deckblättern

- Exoten wie Klemmschienen, Ringbänder oder Thermomappen

Fangen wir mit der ersten Kategorie an, die in mehr als 50 Prozent der Fälle verwendet wird. Ich lästere ein bisschen: Sie können eine herausragende Bewerbung erstellt haben. In diesen geschlossenen Mappen mit dem Aufdruck „Bewerbung" sieht Ihr Meisterwerk genau so aus wie alle anderen Mappen. Den Personaler treiben Sie damit später schier zur Verzweiflung, da er den Bewerbungsstapel durchforschen und überall die Abdeckung aufklappen muss, um Ihre Bewerbung später wieder zu finden. Damit vergeben Sie eine Chance, um positiv in Erinnerung zu bleiben. Günstiger für Sie wäre es, wenn Sie den Empfänger aus einer transparenten Mappe mit einem sympathischen Bild anlächeln würden.

Noch etwas schwieriger (außer für den Hersteller dieser Mappen) wird es mit einer dreiteiligen Mappe. Dieses Konstrukt ist so komplex, dass der Mappe sogar eine Gebrauchsanweisung beigelegt wird, da ein nichtsahnender Mensch gar nicht weiß, was sich die Produzenten dieser Mappen gedacht haben. Der Wunsch nach einer solchen Gestaltung stammt auf alle Fälle nicht aus den Personalabteilungen. Ein Personalleiter outete sich einst in der Zeitschrift *KARRIERE*:

„Den meisten Personalern ist es herzlich egal, wie viel eine Mappe gekostet hat. Was sie hingegen fuchsig macht, sind Zeit- und Raumdiebe. Ausgeklappt nehmen dreiflügelige Mappen die Hälfte des Schreibtisches ein. Und weil der Pappdeckel das Innenleben verdeckt, muss er bei jeder Suche wieder aufgeklappt werden. Viele Personaler favorisieren sogar Billigmappen. Hauptsache, sie hat einen durchsichtigen Plastikdeckel – so erkennt man sofort, welchen Bewerber man vor sich hat."

Kommen wir zur zweiten Kategorie der Klemmmappen. Hier können Sie wenig verkehrt machen. Wie im obigen Beitrag beschrieben, haben sie eine transparente Abdeckung. Der Empfänger weiß sofort, mit wem er es zu tun hat. Ihr Vorteil: Ein gut sichtbares Bild. Warum sage ich dies? Man hat nachgewiesen, dass wir uns an das, was wir lesen, 48 Stunden später noch mit ca. 10 Prozent erinnern. In Ihrem konkreten Fall: Mit Sicherheit ist der Personalleiter zwei Tage später nicht mehr in der Lage, genau zu sagen, welche Fachrichtung Sie studiert haben, für welches Unternehmen Sie tätig waren oder welche Laufbahn Sie eingeschlagen haben.

Der Personalleiter empfindet Ihre Bewerbung entweder als eher gut oder sehr gut – oder eben als nicht geeignet. Im letzteren Fall erhalten Sie Ihre Unterlagen zurück. Im ersten Fall wird sich der Personalleiter Ihr Bild ansehen. Im Gehirn wird nun die linke Gehirnhälfte (die mit den Fakten aus Ihrer Bewerbung gefüttert ist) mit der rechten Gehirnhälfte (die für Kreativität, also Ihr Bild, empfänglich ist) verknüpft. Es entsteht eine Assoziationskette. Sie können sich das so vorstellen: In dem Moment, in dem der Personaler Ihr Bild sieht, verbindet er damit seinen Eindruck, dass Ihre Bewerbung wertvoll war. Klammer auf: Diese Denkart wird sogar bewusst eingesetzt, wenn zum Beispiel Namen behalten werden sollen. Frau Franke verbinde ich vielleicht mit der geografischen Gegend „Franken". Nachdem dieses Bild (das ich mir leichter merken kann als einen Namen) bei mir hervorgerufen wird, wenn ich die Dame sehe, fällt mir über diese Assoziation auch wieder der Name ein. Das gleiche Prinzip läuft in deutlich weniger als einer Sekunde beim Mitarbeiter der Personalabteilung ab. Stellen Sie sich vor, Ihre Mappe liegt irgendwo auf seinem Schreibtisch. Jedes Mal, wenn er Ihr Bild sieht, weiß er, dass es sich bei Ihrer Bewerbung um eine qualifizierte handelt.

Beispiel:

Ich berichte hier von einer persönlichen Erfahrung. 2001 hatte ich der Firma *Allegiance* eine Initiativbewerbung (mit durchsichtiger Abdeckung und einem Bild auf dem Deckblatt) zukommen lassen. Dieses Unternehmen hatte zehn Minuten von meiner Haustür entfernt eine neue europäische Verteilerzentrale errichtet. Ich erhielt weder eine Absage noch eine Eingangsbestätigung. Offensichtlich fand man meine Bewerbung interessant genug, sie für den Augenblick zu behalten. Sechs Wochen später fuhr ich in Urlaub. Nach meiner Rückkehr blinkte der Anrufbeantworter. Ich solle mich doch bitte melden und Bescheid geben, ob ich die Einladung zu einem Vorstellungsgespräch in zwei Tagen annehmen könne.

Was war geschehen? Das Unternehmen hatte meine Bewerbung zwar als qualifiziert wahrgenommen. Allerdings war zu diesem Zeitpunkt keine adäquate Position vorhanden. Sieben Wochen später hatte ein Entscheidungsträger seine Kündigung eingereicht. Nun sah die Situation anders aus. Meine Mappe war noch immer präsent. Und mit einem Griff hatte die damalige Personalleiterin meine Kontaktdaten zur Hand. Die Kontaktaufnahme resultierte schließlich in einer Anstellung.

Dann bleiben noch einige Exoten übrig. Es lohnt sich aber, diese zu begutachten. Gelegentlich werde ich gefragt, was ich von Plastik-Ringband-Bindesystemen halte. Dazu kann ich nur sagen, dass ich sie nie im Einsatz für Bewerbungsmappen gesehen habe. Die Technik ist recht kostenintensiv und der Ring nimmt ein beachtliches Volumen ein. Daher ist der Versand zumindest nicht ganz einfach.

Wenn wir uns die Klemmschienen ansehen, müssen wir den Blick nicht sofort wieder abwenden. Sie benötigen zwar eine kleine „Fertigungsstraße" (durchsichtige Folie als erstes Blatt, Unterlagen, Klemmschiene, Karton als letztes Blatt), aber das Ergebnis ist durchaus ansehnlich. Der Vorteil: Der Bewerber kann mithilfe eines etwas anderen Bindesystems ein wenig aus der Masse herausragen. Auch existieren diese Klemmschienen in einer großen Vielzahl von Farben. Wenn Sie ein bisschen suchen, finden Sie vielleicht die Klemmschiene, die farblich zum Hintergrund (oder zur Kleidung) Ihres Bewerbungsbildes passt. Der Versand ist äußerst einfach.

Schließen möchte ich an dieser Stelle mit meinem persönlichen Favoriten: der Thermo-Bindemappe. Betrachten Sie diese einfach als eine weitere mögliche Option – und nicht als Geheimtipp, um zu einer gewünschten Stelle zu gelangen. Zunächst das Prinzip: Sie benötigen ein Thermo-Bindegerät. Bevor ich Ihnen dieses lange beschreibe, suchen Sie am besten mal bei Google danach. Ursprünglich wurden diese Mappen für das Zusammenhalten von Präsentationsblättern entwickelt. Ein Thermo-Bindegerät (einmalige Investition) kostete vor wenigen Jahren 60 bis 70 Euro; dann fielen die Preise auf unter 40 Euro. Heute finden Sie mit etwas Glück ein solches Gerät für knapp 20 Euro. Daran soll es also nicht scheitern. Sie sind bereits „abgehärtet" durch die Umschläge- und Briefmarkenvorräte, die Sie sich zugelegt haben.

Nun zu den Mappen (Fachbegriff: Thermomappen). Aus meiner Sicht weisen sie viele Vorteile auf:

3

■ Leinen- oder Lederstruktur

■ in vielen Farben erhältlich

■ sehr preiswert (ca. 0,50 Euro pro Stück)

■ individuell

Die einzelnen Blätter Ihrer Bewerbung legen Sie in die Thermomappe (diese gibt es für eine verschiedene Anzahl an Blättern). Anschließend legen Sie die Mappe mitsamt den Blättern in das Bindegerät, das aufheizt, den Leim (an der Innenseite der Mappe) zum Schmelzen bringt und die Blätter mit der Mappe vereint.

Wenn Sie nun auf dem Deckblatt den Unternehmensnamen vermerkt haben, ist offensichtlich, dass Sie für diesen Arbeitgeber ein Unikat geschaffen haben. Es handelt sich bei Ihrem Exemplar offensichtlich nicht um eine Bewerbungsmappe, die Sie mit „Bewerbung von Gerd Meyer" versehen haben – und die bereits mehrere Reisen hinter sich hat. Nein, Sie haben eine einmalige Bewerbungsmappe für dieses Unternehmen erstellt und damit erneut Wertschätzung, Zeit und Mühe zum Ausdruck gebracht.

Nun könnte man einwenden, dass ein Unternehmen, das die Unterlagen digitalisieren möchte, Schwierigkeiten haben könnte, die Blätter aus einer Thermomappe herauszureißen. Diesen Einwand verstehe ich zwar, aber aus meiner Sicht überwiegen klar die Vorteile.

Das Deckblatt

Traditionell ist das Deckblatt kein Bestandteil der Bewerbungsunterlagen. Früher wurde das Bewerbungsbild in die rechte obere Ecke des Lebenslaufs geklebt – und auch heute ist das noch legitim. Gleichwohl sehe ich für das Deckblatt viele Vorteile:

Gerade aufgrund meiner Erfahrungen im Outplacement bin ich der Meinung, dass Sie auf dem Deckblatt nochmals – komprimiert – alle adäquaten Fakten, die Sie für die Position qualifizieren, auflisten sollten. So sieht der potenzielle Arbeitgeber auf einen Blick, warum Sie der ideale Kandidat sind. Ihre Kurzdarstellung kann unter der Überschrift „Profil" erfolgen. Sie können aber auf dieses Wort auch verzichten, da die Absicht der Auflistung klar ist.

3 Ich sehe es als äußerst hilfreich an, dass Sie mit einem Deckblatt die Wahrnehmung des Adressaten auf Ihre Kompetenzen richten. Wenn Sie sich etwa als Geschäftsführer bewerben, führen Sie nochmals die Fakten auf, die Sie für diese Position prädestinieren:

Was alles auf ein Deckblatt gehört:

- Studium (Promotion, MBA)

- Branchenerfahrung

- wichtigste Leistungen

- bedeutendste Persönlichkeitsmerkmale

Ein Deckblatt ist auch eine große Hilfe, wenn Sie sich auf eine Position bewerben, die Sie noch nicht innehatten. Bislang waren Sie Mitarbeiter im Vertriebsinnendienst, nun bewerben Sie sich für eine Position im Außendienst. Sie führen die Stellenbezeichnung schon mal auf, auf die Sie sich bewerben. Dazu die wichtigsten Kompetenzen, die Sie mitbringen, um diese Position erfolgreich auszufüllen. Der Arbeitgeber wird Ihren Lebenslauf nun mit anderen Augen interpretieren, als dies der Fall wäre, wenn Sie Ihrer Bewerbung kein Deckblatt beigefügt hätten. Sie setzen dem Arbeitgeber sozusagen eine Brille auf, durch die er Ihren Lebenslauf nun betrachten kann. Er erkennt jetzt die Puzzlestücke, weil er in der Lage ist, diese ins Gesamtbild zu integrieren. Hätte er nicht zunächst das fertige Bild (Ihr Profil) gesehen, hätte er sich mit den einzelnen Mosaiksteinchen schwerer getan.

Beispiele:

Profil A

Erfolgreicher Kommunikationsmanager und Pressesprecher. Strategische, konzeptionelle und operativ-praktische Erfahrung in international tätigen Industrieunternehmen. Ergebnisorientierte Führung.

■ Ausgeprägtes unternehmerisch-strategisches Denken und Handeln

■ Leidenschaftlicher Kommunikator mit hoher Überzeugungskraft und Akzeptanz auf allen Ebenen

■ Zielstrebige Arbeitsweise

■ Lust auf Spitzenleistung

■ Kooperative Teamführung

3

Profil B

Zentralbereichsleiter Unternehmenssteuerung/Controlling

Diplom-Kaufmann,
Finanzexperte mit Bankenhintergrund,
Führungspersönlichkeit, Gestalter

Strategie, Unternehmenssteuerung, Controlling,
Rechnungswesen (HGB, IFRS), Risikomanagement,
Aufsichtsrecht, Management-Reporting, Projektmanagement

Persönlichkeit

Leidenschaft für Führungsthemen
Unternehmerisches Handeln
Überzeugende Kommunikation
Beharrlichkeit
Integrator

Profil C

Senior Manager/Geschäftsführer im internationalen Maschinen- und Anlagenbau mit umfassender Erfahrung in der Führung globaler Organisationen sowie in den Bereichen Projektmanagement, Risikomanagement, Einkauf, Supply Chain, Change Management, Controlling, Know-how-Transfer zu und von Low Cost Countries sowie Global Sourcing

Englisch und Chinesisch verhandlungssicher

Verzichten Sie auf das Wort „Lebenslauf" auf dem Deckblatt. Das ist klar. Damit verschenken Sie Raum für Selbstverständliches. Führen Sie besser den Namen des Unternehmens oder des Personalberaters auf und individualisieren Sie in dieser Weise Ihre Bewerbung. Und denken Sie daran, Ihre Kontaktdaten auf dem Deckblatt anzugeben.

3

Muster

Ein weißes Deckblatt empfinden viele als etwas zu steril. Hier schlägt die Stunde für den Hobby-Layouter. Ja, Sie dürfen – in Grenzen – das Deckblatt etwas „aufhübschen". Auch hier lautet die Erfahrung: Weniger ist mehr. Eine farbige (zum Bild passende) Trennlinie macht sich vielleicht ganz gut. Wilde Rauten, Ornamente und sonstige Gestaltungselemente aus der Trickkiste lenken jedoch vom Wesentlichen ab: von Ihnen selbst!

Beispiel:

Max Mustermann, Musterstraße, 12345 Musterstadt
T. 01234/1234567, M. 0170/1234567, E-Mail max@mustermann.de

Headhunter GmbH

Berufliche Zielsetzung:

CEO im gehobenen Mittelstand oder CFO im Konzernumfeld

Profil:

Führungskraft mit ausgewiesener Finanz- und Strategie-Expertise, internationaler Erfahrung und direkter Verantwortung für bis zu 1.000 Mitarbeiter und 100 Mio. Euro Umsatz in der Verpackungsindustrie

- vielfältige Turnaround-, Integrations- und Akquisitionserfahrung
- konzeptions- und entscheidungsstark
- klarer Blick für das Wesentliche
- hohe technische Affinität
- Dipl.-Kfm., MBA

Das Bewerbungsbild

In diesem Buch habe ich bereits an einigen Stellen über das Bewerbungsbild gesprochen. Andere Länder haben die Schwierigkeiten, die damit zusammenhängen, dadurch gelöst, der Bewerbung einfach gar kein Bild beizulegen. Es ist klar, dass ein Bild eine Emotion auslöst. Wir können nicht Nicht-Empfinden. Um von der Qualifikation nicht abzulenken, wird beispielsweise in den USA kein Foto beigefügt. Aber auch in anderen Ländern, wie etwa den Niederlanden, ist dies eher unüblich.

Die Gründe dafür sind nachvollziehbar – aber wir leben und bewerben uns in Deutschland beziehungsweise deutschsprachigen Raum! Da es sehr schnell zu Missverständnissen kommen kann, wiederhole ich noch einmal:

- Mit einem Bild wollen wir nicht blenden. Auch kann und soll ein Bild nie vom Wichtigen ablenken: Das sind Sie!

- Nie kann ein Bild mangelhafte Unterlagen auch nur ansatzweise ersetzen.

- Es gibt mit Sicherheit Personalfachkräfte, die ein Bild ignorieren, da sie sich weder von Sympathie lenken noch von Antipathie ablenken lassen wollen. Das ist durchaus vernünftig, denn die wahre Persönlichkeit kann sich ganz anders darstellen als auf dem Bild zum Ausdruck gebracht. Aber nur wenige Menschen sind dazu in der Lage.

- Unser Ziel ist es, „Sein" und „Schein" miteinander in Übereinstimmung zu bringen. Konkret bedeutet dies: Wenn Sie dem Arbeitgeber Ihre Fachkompetenz zur Verfügung stellen möchten, dürfen und sollten Sie Ihre Kompetenzen adäquat und attraktiv verpacken.

- Beim Thema „Bild" wollen wir pragmatisch und nicht philosophisch vorgehen. Das bedeutet – wie wir bereits gesehen haben –, dass wahrscheinlich eine Fachabteilung über Ihre Unterlagen entscheidet. Der Fachbereichsleiter lässt sich womöglich unbewusst von Ihrem ganzheitlichen Auftritt beeinflussen – und das wollen wir berücksichtigen.

Natürlich meinen viele, mehr oder weniger fotogen zu sein. Ein guter Fotograf aber ist in der Lage, in jedem Fall ein gewinnendes Bild zu erstellen. Möglicherweise müssen auch Sie selbst noch etwas nachhelfen.

- Visagist: Es kann hilfreich sein, zunächst einen Visagisten zu besuchen, bevor Sie einen Fotografen aufsuchen. Manche Fotografen sind auch als Visagist geschult. Ein Visagist hat ein gutes Auge dafür, Sie ins beste Licht zu rücken. Stärken werden herausgearbeitet, unvorteilhafte Stellen und Einstellungen vermieden. Sie werden – auch als Mann – ein wenig geschminkt und gepudert. Das tut alles nicht weh. Und im Ergebnis ist es wesentlich vorteilhafter, wenn die Stirn nicht glänzt und die Augenbrauen vielleicht etwas hervorgehoben werden. Während ich in der Kosmetikbranche tätig war, hat sich eine Visagistin einmal eineinhalb Stunden mit mir beschäftigt, bevor ich ein Bild machen ließ – Wimpernzange inklusive! Das muss vielleicht nicht sein, aber ein guter Visagist kann kleine Wunder bewirken.

- Farb- und Stilberatung. Ein Bild kann noch so professionell gemacht sein – wenn Sie aber Kleidung in unpassenden Farben tragen oder einen nicht zu Ihrer Person passenden Stil pflegen, nützt das alles nichts! Sollen auf dem Bild klare Farben vorherrschen und Sie tragen Kaki, Aubergine oder Beige, sehen Sie leicht krank aus. Wenn Sie dagegen hellblondes Haar haben und in ein schwarzes Kleid schlüpfen, wird man nur noch das Kleid sehen, da der Kontrast zu groß ist. Natürlich ersetzen zwei Zeilen keine Beratung. In einem persönlichen Gespräch analysiert man Ihre Haarfarbe (falls vorhanden – immer mehr Männer entscheiden sich für eine Glatze), Ihre Haut- und Augenfarbe. Dann wird Ihnen gezeigt, welche Kleidungsfarben Ihre Persönlichkeit unterstreichen und aufwerten – und welche Farben Ihnen weniger schmeicheln, auch wenn das hübsche Kleidungsstück noch so teuer war.

Bei einer Stilberatung geht es auch um den Schnitt der Kleidungsstücke und die Wahl der Accessoires. Eine der führenden Stilberatungsorganisationen in Deutschland ist zum Beispiel die TYP Akademie (www.typakademie.de). Bestimmt findet sich auch ein Berater in Ihrer Nähe. Häufig werden Farb- und Stilberatung getrennt. Pro Beratung sollte man in etwa zwei bis drei Stunden einplanen. Und natürlich gibt es ein solches Vergnügen auch nicht zum Nulltarif. Wenn Sie aber kein gutes Händchen beim Modekauf haben und häufig mit Kleidungsstücken nach Hause kommen, die Ihnen doch keine wirkliche Freude bereiten, handelt es sich bei einer Stilberatung um gut angelegtes Geld.

Immer häufiger berechnen Fotografen die Zeit, die sie für die Bilder benötigen, im Vorfeld. Das ist auch in Ihrem Sinne. Für eine halbe Stunde darf ein Fotograf dabei ruhigen Gewissens 50 Euro berechnen. Normalerweise sehen Sie sich die Bilder anschließend auf dem PC beim Fotografen an und treffen dann die Entscheidung für drei bis fünf Dateien. Oftmals wird Ihnen auch eine CD überlassen mit den Bildern, die dann allerdings noch mit einem Wasserzeichen versehen sind. Andere Fotografen gewähren Ihnen Zugang zu ihrem Server, auf dem die Bilder, noch mit Fotografen-Logo versehen, abgelegt sind. Vereinbaren Sie einen Preis für die digitale Überlassung des Bildmaterials, etwa 20 Euro pro Datei. Sie sollten auf alle Fälle vermeiden, jedes einzelne Bild zu einem horrenden Preis beim Fotografen bestellen zu müssen.

Zum Fotoshooting können (und sollten) Sie immer gleich mehrere Kleidungsstücke mitbringen. Für den Herrn (je nach Position) gilt: Verschiedene Anzüge in unterschiedlichen Farbtönen, in denen Sie sich wohl fühlen, mit passendem Hemd und Krawatte. Sie können dann kombinieren, indem Sie die Krawatte oder auch das Sakko mal ablegen. Damen können sich – auch wieder entsprechend der Ziel-Position – mehr auf „Business" ausrichten (Kostüm, Bluse), einen Hosenanzug und Rock mitbringen, sich mal eher maskulin oder besonders feminin ablichten lassen – immer passend zum jeweiligen Typ. Der Vorteil für Sie: Gerade beim Erschließen des verdeckten Arbeitsmarktes wissen Sie im Vorfeld noch nicht genau, bei welchen Unternehmen Sie sich bewerben werden. Als Personalreferent werden Sie sich bei der Deutschen Bank anders bewerben als beim Mittelständler um die Ecke.

Grundsätzlich sollten Sie sich etwas eleganter anziehen, als Sie es normalerweise in dieser Position tun würden. Der Lagerleiter trägt im Alltag vielleicht einen Pulli, auf dem Bewerbungsbild dagegen ein Hemd ohne Krawatte und ein Sakko. Der Innendienst-Mitarbeiter erscheint im Berufsalltag möglicherweise in Hemd und Sakko – auf dem Bild trägt er zusätzlich noch eine Krawatte. Damen können etwas mehr geschminkt sein und greifen eher zu den Kleidungsstücken, die sie auch bei einem Kundenbesuch anziehen würden.

Das Bild auf dem Deckblatt darf etwas größer sein als ein Passbild, aber in keinem Fall an ein Urlaubsbild erinnern. Auch wenn Sie ein Bild aus den letzten Ferien vorliegen haben, das Ihnen „total gut gefällt", weil Sie darauf so natürlich erscheinen, ist dies tabu. So etwas wirkt im Bewerbungsverfahren einfach nicht seriös genug.

Farbbild oder Schwarz-Weiß-Foto? Beides ist erlaubt. Natürlich sind Farbbilder die gängigere Variante. Schwarz-Weiß wirkt etwas kreativer, mysteriöser oder nachdenklicher. Für jemanden, der sich als Creative Director bei einer Werbeagentur bewirbt, mag dies ganz passend sein. Für die Bewerbung als PR-Mitarbeiter vielleicht auch noch. Für den Bankangestellten am Schalter ist dies wahrscheinlich weniger geeignet.

Auch beim Bildausschnitt lässt sich variieren. Nicht immer muss es ein Porträt in Großaufnahme sein. Nein, hier sind vorteilhafte und gar kreative Aufnahmen ebenso erlaubt. Sie sollten es aber nicht übertreiben. In allem gilt: Was von Ihnen sowie Ihrer Fachkompetenz ablenkt, ist kontraproduktiv.

Doch wie befestige ich nun das Bild am besten auf dem Anschreiben? Fotoecken und Büroklammern haben schon längst ausgedient. Besser eignet sich ein spezieller Fotokleber (beidseitig klebend). Womöglich wird Ihnen diese Nachricht jetzt Bauchschmerzen bereiten, denn Sie fragen sich, wie Sie das Bild – nach etwaiger Rücksendung – wieder vom Deckblatt ablösen können, ohne das Bild zu beschädigen. Gerade aus diesem Grund hatten wir bereits erwähnt, dass Sie sich am besten gleich am Anfang einen Vorrat an Kuverts, Briefmarken, entsprechendem Papier und auch Bildern anlegen sollten – damit diese Frage gar nicht erst aufkommt. Dennoch ist es legitim, ein Bewerbungsbild, falls es den Weg unversehrt zu Ihnen zurückfindet, nochmals einzusetzen. Weist es jedoch Gebrauchsspuren auf, dann lassen Sie lieber die Finger davon, das ist ein eindeutiges No-Go!

Auch von dem Einscannen des Bildes rate ich Ihnen ab. Wenn Sie sich schon für eine Papierbewerbung entscheiden, sollte darauf ein Originalbild befestigt werden. Oder wie es die Zeitschrift *KARRIERE* beschrieb: „Dass ein ausgedrucktes Computerfoto bei Personalern denkbar schlecht ankommt, ist bislang kaum bekannt. Denn auch das strahlendste Lächeln kann den schlechten Eindruck von Streifen, Schmier und fahlen Farben nicht wettmachen. ‚Online geht es natürlich nur mit einem eingescannten Bild', so die Personalleiterin von *Hella*. ‚Aber bei einer Postbewerbung gehört ein ordentliches Papierfoto dazu – das sieht einfach wertiger aus.'"

Das Anschreiben – der Inhalt

Wir haben uns bisher über alle Aspekte unterhalten, die normalerweise begutachtet werden, bevor sich der potenzielle Arbeitgeber eingehend mit Ihrer Bewerbung befasst. Es sind weniger als 30 Sekunden vergangen. Und der bisherige Eindruck basiert lediglich auf der Haptik und Optik sowie auf der Qualitätsanmutung der verwendeten Materialien. Dennoch wird die Bewerbung insgesamt eher positiv oder negativ aufgefallen sein. Der Arbeitgeber wird – sofern seine Einstimmung positiv ist – nach einer weiteren Bestätigung suchen, dass sein erster Eindruck „richtig" war. Umgekehrt verhält es sich genauso. War er irritiert und die Bewerbung unlogisch oder verwirrend, wird er (wenn überhaupt) nur noch wenig Geduld aufbringen und rasch nach einer Berechtigung suchen, damit er Ihre Unterlagen zum Stapel der aussortierten Absagen legen kann.

3 Es gibt fünf Themen, die in einem Anschreiben hauptsächlich interessieren:

a) Aufwertender Einstieg

Gerade beim Erschließen des verdeckten Arbeitsmarktes müssen Sie einen Grund erwähnen, warum Sie das Unternehmen, den Personalberater oder das Personalüberlassungsunternehmen (vollständige Auflistung in Kapitel 4) anschreiben.

Mittlerweile ist es recht einfach, Informationen über Ihr Zielunternehmen zu finden. Hilfreich dabei können sein:

■ die Firmen-Homepage

■ die Internetsuchmaschine Google

■ Ihr Gedächtnis (Assoziation mit diesem Unternehmen)

Versuchen Sie, Ihren Einstieg nicht gekünstelt, billig oder zu schmeichelhaft klingen zu lassen, sondern authentisch. Wenn Sie keine wirklichen Gründe sehen, warum Sie mit diesem Unternehmen in Verbindung treten sollten, ist es möglicherweise besser, davon abzusehen.

b) Fachkompetenz

Ihr Anschreiben soll in der Hauptsache von diesem Punkt geprägt sein! Wenn Sie über eine längere Berufserfahrung verfügen, müssen Sie diese mehr komprimieren und auf den Punkt bringen. Vermeiden Sie es, den verfügbaren Raum zu sehr mit einzelnen Stationen Ihrer Laufbahn oder Stellenbezeichnungen, Verantwortungsbereichen und Aufgabengebieten zu füllen. Dies könnte schnell langweilen.

Bieten Sie dem Arbeitgeber lieber Argumente, warum er sich für Sie entscheiden soll. Das machen Sie, indem Sie auf Ihre Einzigartigkeit und Problemlösungskompetenz hinweisen. Definieren Sie sich nicht primär über Ihre Ausbildung und Ihren Werdegang, sondern eher – oder zumindest ergänzend – über Ihre Leistungen, Erfolge, Ergebnisse und Resultate. Darauf werde ich gleich noch näher eingehen. Es ist für Sie wichtig zu wissen, was Sie auf diesem Gebiet vorzuweisen haben. Im Anschreiben können Sie dann eine kleine „Kostprobe" von sich geben, etwa folgendermaßen:

Aufgrund meiner überdurchschnittlichen Leistungen als Sales Representative in den Jahren 2010 bis 2012 habe ich bei meinem derzeitigen Arbeitgeber ab 2013 die Verkaufsleitung übernommen. Bis heute ist es mir gelungen, den Umsatz jeweils um 9 Prozent zu steigern, während das Wachstum im Branchendurchschnitt in diesen Jahren bei lediglich 4 Prozent lag.

Auf diese Weise haben Sie schon auf Ihre Alleinstellungsmerkmale hingewiesen. Nun wird der Arbeitgeber garantiert weiterlesen!

c) Der rote Faden im Lebenslauf

Wenn Sie nach Ihrer Ausbildung zehn Jahre lang als Sachbearbeiter im Kundendienst bei ein und demselben Unternehmen gearbeitet haben, wird es zu diesem Punkt nicht viel zu berichten geben. Wenn aus dem Lebenslauf ein Aufstieg (entweder hierarchisch oder auch funktional) ersichtlich ist, können Sie im Anschreiben kurz darauf hinweisen. Das Gleiche gilt für einen Branchenwechsel. Wenn einzelne Module im Lebenslauf scheinbar nicht zusammenpassen, können Sie eine komprimierte Erläuterung abgeben. Aber bitte keine Entschuldigung, sondern eine Erklärung, ohne die Ihr Werdegang nicht nachvollziehbar wäre.

d) Persönliche Kompetenz

Wie erwähnt, wird die Entscheidung für einen Kandidaten nie lediglich aufgrund von harten Fakten getroffen. Die Persönlichkeit wird immer eine Rolle spielen. Seien Sie bitte nicht der Meinung, dass

Sie mit den Unterlagen nur „sachlich" überzeugen sollten. Ob man „menschlich" zusammenpasst, wird ja dann erst im Vorstellungsgespräch geklärt. Doch zu einem persönlichen Gespräch muss es erst einmal kommen! Der Arbeitgeber möchte zunächst ein „Gefühl" dafür bekommen, was für ein Mensch Sie sind. Widmen Sie dieser Frage im Anschreiben drei bis fünf Zeilen. Eine reichhaltige Fundgrube dazu liefert Ihnen Kapitel 1 (Delphi: Erkenne dich selbst).

e) Wechselmotivation

Diese Frage steht selbstverständlich im Raum. Sie können sich mit der Antwort diskret zurückhalten, um sie im Vorstellungsgespräch zu klären. Besser ist es jedoch, „offen" damit umzugehen. Sehen Sie keine weiteren Aufstiegschancen? Befindet sich Ihre Branche auf einem absteigenden Ast? Wurde Ihre Firma von einem Wettbewerber übernommen und können Sie sich mit der neuen Kultur nicht länger identifizieren?

f) Leistungen

Werfen wir nun noch einmal einen kurzen Blick zurück zum Thema „Leistungen". Auch wenn Sie sonst nichts aus diesem Buch beherzigen – wenn Sie diesen Punkt konsequent umsetzen, werden Sie in jedem Fall eine Veränderung bemerken. An dieser Stelle heben sich durchschnittliche von außergewöhnlichen Bewerbungen ab. Dies gilt im Übrigen dann später ebenso für das Vorstellungsgespräch.

Was ich konkret damit meine? Mit Ihrer Ausbildung und der Aufzählung Ihrer beruflichen Stationen sagen Sie wenig aus. Sie haben eine Lehre als Bürokaufmann gemacht? Gut! Anschließend haben Sie BWL mit dem Schwerpunkt Rechnungswesen studiert? Prima! Dann waren Sie beim ersten Arbeitgeber für die Debitoren und Kreditoren zuständig? Schön! Sie haben den Arbeitgeber gewechselt und in der neuen Firma die Teamleitung für die Finanzbuchhaltung übernommen sowie an den Kfm.-Leiter berichtet? Hervorragend!

Leider sagt dies aber zunächst nichts über Sie und Ihre Leistung aus. Es war eine Stelle ausgeschrieben. Diese hatten Sie inne. Und nach einer gewissen Zeit haben Sie in ein anderes Unternehmen gewechselt und dort ebenfalls eine Position im Organigramm ausgefüllt. Ich schreibe dies bewusst „kritisch", damit Sie verstehen, nach welchen Informationen Ihr Gegenüber in Wirklichkeit sucht. Natürlich können der Personalchef und der Fachbereichsleiter Zeugnisse lesen.

3

Aber zu glauben, dass Bewerber aufgrund von Zeugnissen eingestellt werden, wäre illusorisch. Im besten Fall bestätigen Zeugnisse
den Eindruck, den man ohnehin von Ihnen gewonnen hat. Oder sie
bewirken erneut ein Nachfragen an kritischen Stellen. Wenn es
darum geht, zu überzeugen – nicht nur aufgrund Ihrer Persönlichkeit, aber gerade auch mit Ihrer Fachkompetenz –, dann listen Sie
bitte nicht alle Tätigkeiten auf, die Sie ausgeübt haben. Solange Sie
dies tun, befinden Sie sich auf der Seite des „Was" (Was habe ich
gemacht?). Ihr Gegenüber ist aber – neben dieser zugegebener-
maßen nützlichen Information – vielmehr interessiert an dem „Wie"
(Wie habe ich meine Aufgaben erfüllt?). So kommen Sie schnell in
den Bereich, in dem sich die Fragen um folgende Themen handeln:

- Welche Ergebnisse haben Sie erzielt?

- Welche Leistungen haben Sie vorzuweisen?

- Wo ist Ihre Handschrift erkennbar?

- Welche Resultate haben Sie erzielt?

- Was hat sich in Ihrem Verantwortungsbereich geändert, während
  Sie in diesem Unternehmen beschäftigt waren?

Wenn Mitarbeiter-, Förder- oder Jahresgespräche mit Ihnen geführt
werden, dürften Ihnen diese Fragen bekannt vorkommen. Dabei
wird ebenfalls nicht über Ihre Stellenbeschreibung gesprochen oder
über das Tagesgeschäft geplaudert. Dann geht es darum, wo Ihre
Stärken liegen und wie diese sichtbar wurden. Beziehungsweise wird
besprochen, welche Erwartungen das Unternehmen an Sie hat – und
wo Sie sich noch verbessern können. Genau diese Punkte interessieren auch in einer Bewerbung. So individuell wie das Mitarbeiter-
gespräch ist – im Gegensatz zu einer Stellenbeschreibung, die vielleicht für das ganze Team identisch ist –, soll auch die Bewerbung
gestaltet sein.

Hier einige Beispiele von Leistungsaussagen:

- Als Einkaufsleiter habe ich mit der Erschließung alternativer
  Beschaffungsquellen die Materialkosten von 60 Prozent auf
  55 Prozent gesenkt und dadurch zusätzlich fünf Millionen Euro
  zum Deckungsbeitrag beigesteuert.

- Als Leiter eines Callcenters war mir vor allem ein fundiertes Tele-
  fon-Training für alle Mitarbeiter wichtig. Die jährliche Kunden-
  umfrage hat ergeben, dass unsere „Freundlichkeit" in einem Jahr
  von 65 auf 85 von 100 Punkten angestiegen ist.

- Aufgrund der Qualitätskontrollen, die ich als Versandleiter installierte, hat sich die Retourenquote von 4 auf 2 Prozent verringert.

- Als Mitarbeiter in der Produktion war ich dafür bekannt, Verbesserungen für den Fertigungsablauf vorzuschlagen. Während der vergangenen fünf Jahre wurden drei meiner Vorschläge in die Tat umgesetzt. Für diese Vorschläge habe ich übrigens Prämien in Höhe von 20.000 Euro erhalten.

- Als Kundendienstleiter waren mir die Informationen, die uns während eines Kundentelefonats zur Verfügung standen, immer ein Dorn im Auge. Wir mussten dauernd zwischen den Programmen hin und her springen. Auf meine Initiative hin wurden Anpassungen an der Bildschirmmaske vorgenommen, die unsere Produktivität nachweislich um 7 Prozent gesteigert haben.

Eine messbare, nachvollziehbare Leistung ist natürlich immer am besten. Aber auch qualitative Aussagen sind erlaubt:

- In der Firma wurde ich immer „die Seele" im Team genannt. Ich war die erste Anlaufstelle, häufig auch für andere Abteilungen. Darüber hinaus wurde mir oftmals von meinen Kollegen bestätigt, dass ich das Arbeitsklima durch meine ausgeglichene Art positiv beeinflussen würde.

- Als Projektmanager war ich für meine Zuverlässigkeit bekannt. Ich war nie euphorisch bei der Planung, aber jederzeit zuverlässig im Ergebnis. Das galt jeweils sowohl für den Abgabetermin als auch für die Kosten.

- Als Mitarbeiterin im Customer Service hat man mir fast immer die Kontakte zu den schwierigen Kunden überlassen. Wir hatten das Reklamationswesen einfach in unsere Abteilung integriert. Die kritischen Fälle habe ich aufgrund meiner Zuhör- und Problemlösungskompetenz fast ausnahmslos zu einem guten Ende bringen können.

Falls Sie als Führungskraft tätig sind, kommen Sie an dem Denken in diesen Kategorien gar nicht mehr vorbei. Die Zeitschrift *Capital* brachte einmal die Titelstory: „Der wertvollste Anruf Ihrer Karriere – wie Headhunter Top-Positionen vermitteln." Darin äußern sich mehrere Senior Executive Search Consultants. Ein Partner von *Signium* verrät darin, worauf es ihm im Anschreiben ankommt:

„Erfolge. Was zählt sind Fakten. Wer beschreibt, was sich unter seiner Regie veränderte, etwa ein Umsatzplus, fällt positiv auf."

Oder der damalige Chef von *Heidrick & Struggles*:

„Leistungen. Nicht Jobtitel sind wichtig, sondern nachweisbare Leistungen. Beispielsweise Verantwortung für Umsatzsteigerungen oder Kundenzufriedenheit."

Der Lebenslauf

An sich ist der Lebenslauf kein außergewöhnlich komplexes Dokument – und doch gibt es einiges zu berücksichtigen:

Amerikanische vs. chronologische Form

Früher war ein Lebenslauf selbstverständlich in chronologischer Form abgefasst. Der Vorteil: Ein Arbeitgeber konnte den Werdegang auf einfache Weise mitverfolgen. Der Nachteil: Irgendwo in der Mitte auf Seite 2 musste dann die derzeitige Position des Kandidaten gesucht werden.

Die Amerikaner haben die Darstellung umgedreht. Nach den persönlichen Angaben wird mit der Berufserfahrung begonnen, und zwar gleich mit dem derzeitigen (bzw. letzten) Job. Der Vorteil: Der Arbeitgeber sieht sofort, wo der Kandidat zum Zeitpunkt der Bewerbung im Arbeitsleben steht.

Die chronologische Darstellung ist nicht falsch – und manchmal sehr hilfreich. Etwa, wenn der Bewerber einen exzellenten Start hingelegt hat, dann aber etwas abgerutscht ist und nicht an prominenter Stelle auf seine derzeitige Arbeitssuche aufmerksam machen möchte.

Ausführlichkeit

2007–2012	Ferdinand Schwarz Dienstleistungs GmbH
	Einkaufsleiter

Eine solche Auflistung wäre sehr dürftig und zu wenig aussagekräftig. Erstens werden gern Monate zu den Jahreszahlen gesehen und darüber hinaus kennt keiner die Firma „Ferdinand Schwarz", geschweige denn den Geschäftsgegenstand. Und drittens, was haben Sie denn eingekauft? Was war die Haupttätigkeit? Gern können Sie Unterpunkte hinzufügen, etwa derart:

07/2007–08/2012	**Ferdinand Schwarz Dienstleistungs GmbH**
	Dieses Unternehmen wurde 1964 gegründet und setzt heute in der zweiten Generation mit 65 Mitarbeitern 45 Mio. EUR um. Geschäftsgegenstand sind dringend benötigte Ersatzteile für Bahnbetreibergesellschaften, auf die unter normalen Umständen mehrere Monate gewartet werden müsste.

- **Einkaufsleiter**
  Einkaufvolumen: 30 Mio. EUR
- Führung zweier Mitarbeiter
- Strategischer Einkauf
- Vertragswesen
- Operativer Einkauf

3

Seitenzahl

Auch hier möchte ich keine absoluten Vorgaben machen. Es wird häufig von einer Ideallänge von zwei Seiten gesprochen. Das ist eine gute Indikation. Wenn Sie am Ende Ihres Berufslebens stehen und einen ereignisreichen Lebenslauf vorzuweisen haben, ist es kein K.o.-Kriterium, wenn Sie dieses Maß sprengen. Die aktuelleren Tätigkeiten sollen ausführlicher beschrieben werden als die Positionen, die bereits weiter zurückliegen.

Lücken

Klar, Lücken im Lebenslauf rufen Fragen hervor. Dennoch kann hier keine generelle Angabe gemacht werden. Wenn Sie einmal vor zehn Jahren zwei Monate arbeitslos waren, ist dies unproblematisch. Wenn dies allerdings während der vergangenen zehn Jahre viermal der Fall war, dann sieht das natürlich ganz anders aus. Sind dagegen Ihre Unternehmen viermal hintereinander Konkurs gegangen, dann schreiben Sie das in den Lebenslauf dazu.

Ob Sie die zwei Monate Arbeitslosigkeit vor zehn Jahren extra herausheben und mit der Überschrift „Arbeitslos" versehen möchten, überlasse ich Ihnen. Ich könnte damit leben, wenn Sie dies nicht extra erwähnen. Keiner wird Ihnen dabei eine „Böswilligkeit" unterstellen.

Die Frage, was Sie mit den Lücken machen, ist pauschal ebenfalls schwer zu beantworten. Im Nachhinein sind Lücken meist nicht sehr dramatisch. Auch zum Zeitpunkt der Suche sollten Sie sich nicht allzu sehr beunruhigen, wenn Sie mal für einen, zwei, drei oder vier Monate eine neue Stelle suchen. Geht die Suche über ein halbes Jahr hinaus, können Sie überlegen, was Sie Sinnvolles in dieser Zeit vornehmen wollen:

- Umschulung/Qualifizierung (über die Agentur für Arbeit)

- Kurs/Weiterbildung (privat, während Sie sich weiter bewerben)

- Anmeldung eines eigenen Unternehmens (wenn Sie darin auch zumindest teilweise – ggf. als Franchisenehmer – tätig werden: www.franchiseverband.com)

- Anmeldung mit einer selbstständigen Tätigkeit im Direktvertrieb (www.direktvertrieb.de – der Vorteil für Sie: Sie können direkt loslegen, müssen bei einem seriösen Direktvertriebsunternehmen kaum Investitionen tätigen und generieren Umsätze, während Sie sich weiterhin bewerben können. Manch einer ist dabei auf Dauer „hängen geblieben" ...)

Keine Mischung von Funktionen und Leistungen

Mischen Sie bitte nicht die Leistungen (wie vorher beschrieben) mit den Tätigkeiten. Es gibt zwei Optionen, wie Sie Ihre Erfolge unterbringen können.

Outplacementberater animieren Ihre Mandanten dazu, die Erfolge unterhalb der jeweiligen Station zu platzieren. Das bedeutet, dass Sie unter jedem Abschnitt zwei Hauptkategorien vorweisen und diese auch entsprechend erwähnen:

- Haupttätigkeiten

- Erfolge

Dann erfolgt jeweils die Auflistung von fünf bis acht Punkten. Wer viele berufliche Stationen vorweisen kann, wird die Anzahl der Unterpunkte etwas eingrenzen, damit die Seitenanzahl des Lebenslaufs überschaubar bleibt. Die letzten Stationen interessieren mehr als die vorherigen. Entsprechend sollte auch die Ausführlichkeit erfolgen.

Beispiel 1

01/2011 – 06/2014	**Geschäftsführer**

Mustermann Industriedienstleistungen GmbH, Musterstadt

Aufgabe

- Gesamtverantwortliche Neuausrichtung der Gesellschaft
- Steuerung von Profitabilität und Unternehmensorganisation
- Überarbeitung des Produkt- und Leistungsportfolios

Erfolge

- Marktführerschaft in Deutschland gesichert durch nachhaltige Neusausrichtung des Unternehmens
- Finanzieller Turnaround in Höhe von 2 Mio. EUR erzielt durch Schuldenabbau
- Neuorganisation innerbetrieblicher Abläufe
- Materialkosteneinsparung von 30 %
- Reduzierung der Fertigungszeit um 50 %
- Reduzieurng der Lagerhaltung für Neu- und Servicegeschäft um 30 %
- Senkung der Gewährleistungskosten um mehr als 500.000 EUR

Beispiel 2

11/1998 bis heute	**Telekommunikation GmbH/Stuttgart**

Produkte und Dienstleistungen in den Bereichen Mobilfunk, Festnetz, Datendienste und Breitband-Internet.
Konzern: 10.000 Mitarbeiter, 35 Mio. Kunden, 3,5 Mrd. EUR Umsatz

Vertriebsbeauftragter/Spezialist

seit 05/2002	*Vertriebsweg Wholesale/Vertriebspartner und Groß-flächenhandel* *Region Rhein-Neckar*

Verantwortlich für:

- ca. 11 Mio. EUR Umsatz
- bis zu 5 Mitarbeiter disziplinar und bis zu 12 Mitarbeiter fachlich
- Key Accounts/Handelspartner
- ca. 0,5 Mio. EUR Marketingbudget
- Ergebnisorientierte Steuerung des Sales Promoter-Teams
- Stellvertreterfunktion für Vertriebsleiter

Erfolge:

- „Top 10"-Platzierung im bundesweiten Ranking regelmäßig in den letzten 5 Jahren
  - Nachweisbar hohe Performance gemessen in akquiriertem Umsatz über alle Produkte und Dienstleistungen
  - Marktanteilssteigerung signifikant messbar innerhalb eines Jahres erreicht
- Wesentliche Steigerung der Präferenz und Wahrnehmbarkeit der Marke
- Projektleitung Marktanteilssteigerung übergreifend für alle Vertriebswege mit direktem Berichtsweg an Niederlassungsleitung/Geschäftsführung
  - Uplift 28,6 % zusätzlich erwirtschaftet
  - 2,43 Mio. EUR zusätzlichen Umsatz generiert
  - 18 % höhere Kundenbindung durch Vertragsverlängerungen erreicht

Beispiel 3
Technischer Direktor/Projekt Direktor

Gesamtverantwortung für den Aufbau der Tochtergesellschaft (Investitionsvolumen ca. 30 Mio. EUR)

Aufgaben- und Verantwortungsbereich:

- Mitglied der Geschäftsleitung der Gesellschaft
- Durchführung von Ausschreibungen, Bauvergben und Vertretung des Unternehmens gegenüber den türkischen Partnern (Architekten, Bauunternehmen, Behörden)

- Implementierung der Prozesse für Produktion, Logistik, Einkauf und Versand entsprechend Konzernstandard

- Aufbau der Geschäftsbereiche Vertrieb, After-Sales, Fertigung sowie der kaufmännischen Querschnittsfunktionen

- Planung und Beschaffung des Anlagevermögens und der Investitionsgüter

Besondere Erfolge:

- Termingerechte Fertigstellung des Produktionsstandortes (26.000 m²) mit einer Unterschreitung des Projektbudgets um 4,5 Mio. EUR

- Termingerechte Fertigstellung des Verwaltungsgebäudes (4.500 m²) in 10/2007

- Realisierung von ca. 3.8 Mio. EUR an Einsparpotenzialen durch strukturiertes Auswahlverfahren und Vergabeentscheidung an ein türkisches Generalunternehmen

Achten Sie auch auf die Punkte, die Sie erwähnen. Gerade wenn Sie initiativ unterwegs sind, kann es sein, dass Sie sich mit unterschiedlichen Profilen bewerben, zum Beispiel als Kfm. Leiter, Controller oder Leiter interne Revision.

Beispiel: ───────────────────────────────

Bei der Selbstreflexion oder einem Karriere-Coaching haben Sie vielleicht herausgefunden, dass Sie sich im Konzern als Controller bewerben, die Funktion als Leiter interne Revision aufgrund Ihres Werdegangs jedoch ebenfalls infrage käme. Bei mittelständischen Unternehmen bewerben Sie sich als Kfm. Leiter.

Nun wäre es unangebracht, wenn Sie für jede Bewerbung den gleichen Lebenslauf verwenden. Einmal kann es sein, dass Sie andere Aspekte Ihrer vorherigen Tätigkeiten in den Vordergrund stellen möchten. Somit ändert sich vielleicht die Reihenfolge. Auch kann es sein, dass Sie gewisse Tätigkeiten nicht erwähnen, da sie für die angestrebte Funktion nicht relevant sind. Als Beispiel erwähnen Sie möglicherweise nicht Ihre vorherige Team-Verantwortung für zwei Mitarbeiter, wenn Sie anstreben, in Ihre Fachexpertise als Controller ohne Führungsverantwortung zurückzukehren.

Umgekehrt können Sie Ihre Kompetenzen auf dem Gebiet der Compliance mehr in den Vordergrund rücken für Ihre Bewerbung als Leiter interne Revision, während Sie diese Expertise für eine Bewerbung als Kfm. Leiter an anderer Stelle positionieren.

Bei den Erfolgen ist es im Lebenslauf natürlich von Bedeutung, diese komprimiert und gleichzeitig aussagefähig darzustellen. Das ist bisweilen nicht ganz leicht. Wir haben diese bisher identifiziert und für die Profilfindung verwendet. Auch haben Sie eine erste Kostprobe der Erfolge und Leistungen im Anschreiben von sich gegeben. Bei der Auflistung im Lebenslauf müssen Sie auf den Punkt kommen.

Wenn Sie mehrfach die gleiche Position bei unterschiedlichen Unternehmen innehatten, achten Sie bitte darauf, die Tätigkeiten nicht ständig zu wiederholen. Zeigen Sie – nach Möglichkeit – eine Entwicklung. Führen Sie die einfacheren Aufgaben bei früheren Stationen auf, die anspruchsvollere Verantwortung bei späteren Positionen.

3

Wie sieht nun die zweite Option aus, um Ihre Erfolge unterbringen können? Vor allem, wenn Sie mehrere Stationen vorweisen, aber einige von weniger Erfolg gekrönt waren, können Sie auf eine „Dritte Seite" ausweichen (dazu mehr im nächsten Abschnitt). Es fällt dann weniger auf, dass Sie in gewissen Zeiträumen über eine größere Anzahl an bedeutenden Leistungen berichten können, an anderer Stelle die Auflistung der Erfolge hingegen etwas dürftiger ist. Das ist vor allem dann der Fall, wenn eine bestimmte Position eine „Notlösung" war oder wenn es zwischen Ihnen und Ihrem Arbeitgeber einfach nicht „gepasst" hat – und das Arbeitsverhältnis möglicherweise mit einer Aufhebungsvereinbarung oder gar einer Kündigung beendet wurde.

Promotion/Studium/Ausbildung/Schule

Diese Punkte folgen in der amerikanischen Form auf die Berufserfahrung.

Weiterbildungen

An dieser Stelle im Lebenslauf empfiehlt es sich ganz besonders, auf die folgende beiden Punkte zu achten:

- Aktualität (nicht die MS-DOS Schulung vor 25 Jahren); sieben bis zehn Jahren zurückliegend

- Relevanz für die angestrebte Tätigkeit (toll, dass Sie einen Hobbykurs für Archäologie belegt haben; dieser hat aber mit der anvisierten Funktion als Controller wenig zu tun)

Besondere Kenntnisse

Unter diesen Punkten können Sie Fremdsprachen, Computerprogramme, den Bus- oder LKW-Führerschein (wobei dies eher interessant sein dürfte, wenn Sie als Supply Chain Manager vielleicht einmal im Notfall den Container mit der Zugmaschine von der Rampe ziehen können) anführen.

Hobbys/Freizeit

Betrachten Sie diesen Punkt bitte nicht als Formalität. Wenn Sie Theater spielen oder Mitglied in einem Step-Dance-Verein sind, entsteht ein anderer Eindruck, als wenn Sie Fußball spielen oder Volleyball. Man wird Sie wieder anders einschätzen, wenn Sie Rallye fahren, Drachen fliegen, Tiefsee tauchen und Achttausender besteigen.

Headhunter

Der Headhunter freut sich noch über weiterführende Informationen, etwa über folgende Angaben:

- Unternehmensumsatz

- Anzahl der Mitarbeiter

- vorgesetzte Stelle

- Personalverantwortung

- Budgetverantwortung

- (falls gegeben) Muttergesellschaft

- Unternehmensform

- Homepage des Unternehmens

In diesem Fall könnte eine Station im Lebenslauf beispielsweise so aussehen:

ABC GmbH (www.abc.com)   **2009 – 2012**

ABC erzielt im Bereich Healthcare mit 55.000 Mitarbeitern weltweit einen Umsatz von 60 Milliarden Dollar. Der Hauptsitz befindet sich in Columbus, Ohio. Das Unternehmen verfügt über Vertretungen in zehn europäischen Ländern, die gemeinsam einen Umsatz von 1,5 Milliarden Euro erzielen. Der Hauptsitz für Deutschland ist in Kleve am Niederrhein angesiedelt. Die angebundene Verteilerzentrale liefert Produkte an sechs europäische Länder sowie an ca. 40 Exportnationen.

3

Director Operations & Services

08/2009 – 08/2012
ABC, Kleve

■ Verantwortung für die Lager-, Einkaufs- sowie internationalen Kundendienstaktivitäten

Rechtsform: GmbH
Umsatz Deutschland: 50 Mio. EUR
Mitarbeiter Deutschland: 120

■ Führung eines hochmodernen Warenlagers (30.000 Paletten) mit modernster Technik, wie etwa Barcode-Scanning

Internationale (D, NL, CH, B)
Mitarbeiterverantwortung: 60

■ Federführend bei umfangreicher internationaler Reorganisation

Einkaufsvolumen: 50 Mio. EUR
Vorges. Stelle: VP Operations
Budgetverantwortung: 3 Mio. EUR

■ EDV-mäßige sowie physische Integration europäischer Verkaufseinheiten, Aufbau eines Kennzahlensystems

www.abc.com

■ Mitglied der deutschen sowie der niederländischen Geschäftleitung

> Zeugnis vorhanden

Schreiben Sie unter den Lebenslauf dasselbe Datum wie beim Anschreiben. Dies ist erneut ein Beweis dafür, dass es sich auch beim Lebenslauf um ein Unikat handelt. Darüber, ob Sie den Lebenslauf ebenfalls unterschreiben sollten, streiten sich die Geister. Entscheiden Sie selbst, Sie werden in keinem Fall falsch liegen.

Die „Dritte Seite"

Wir haben bereits gesehen, dass es zwei Möglichkeiten gibt, die Erfolge in Ihrer Bewerbung vorteilhaft zu positionieren. Sie machen nichts falsch – im Gegenteil –, wenn Sie Ihre messbaren Leistungen kurz und knapp unterhalb der jeweiligen beruflichen Stationen aufgeführt haben. Zur Erinnerung: Es gab zwei Hauptkategorien, Haupttätigkeiten und Erfolge. Wir haben auch festgestellt, dass sich nicht jeder Werdegang für diese Darstellung eignet. Wenn Sie in gewissen Zeiträumen viele Erfolge vorzuweisen hatten, in anderen aber gar keine, lohnt es sich, auf eine extra Seite auszuweichen.

Sie können oberhalb der Seite „Erfolge" schreiben und dahinter etwa in Klammern „Beispiele" oder „Auswahl". Auf der Seite beschreiben Sie Ihre Erfolgsbeispiele dann ausführlicher, sodass fünf oder acht Geschichten eine Seite füllen. Natürlich können Sie bei der Erwähnung der Erfolge zusätzlich den Arbeitgeber erwähnen, für den Sie zu diesem Zeitpunkt tätig waren. Möglicherweise ist es weniger intelligent, an dieser Stelle auch noch den Zeitraum anzugeben, da Sie dann vielleicht die Aufmerksamkeit darauf lenken, dass große Erfolge schon etwas länger zurückliegen, während Sie gerade beim letzten Arbeitgeber weniger messbare Leistungen vorzuweisen haben.

Eine Extra-Seite kann auch hilfreich sein, wenn Ihre Erfolge eher im qualitativen Bereich liegen und nicht einfach messbar sind. Häufig ist dann mehr Umschreibung notwendig.

Beispiel:

Leistungen Erfolge/Ergebnisse meines Handelns:

2009 – 2012 (*ABC, Kleve*):

Erfolgreiche Umsetzung internationaler Restrukturierungsmaßnahmen. Integration des niederländischen, belgischen und italienischen Lagers. Zentralisierung des europäischen Einkaufs und Kundendienstes in Kleve. Einsparungen in diesem Zeitraum in Höhe von ca. 2 Mio. Euro.

2007–2008 (*XYZ-Cosmetics, München*):

Signifikante Umsatzsteigerung in Höhe von 23 % (2007 vs. 2008) im 22. Jahr der Unternehmensgeschichte nach mehreren Jahren der abnehmenden Umsätze. Neu-Positionierung der Marke aufgrund einer zielgruppenspezifischen Kommunikation. Innovative

Marketingaktivitäten (Incentives) und sehr erfolgreiche Events (hohe Anzahl an Teilnehmern mit der dafür erforderlichen Qualifikation).

1988–1992 (*EFG Handelsgesellschaft, Stuttgart*):

Maximaler Lieferservice mit minimalen Beständen. Beste Kennzahl innerhalb der europäischen Gruppe. Freisetzung der Liquidität. Dadurch Qualifikation für den Ruf nach Luxemburg zwecks Aufbaus der neuen Verteilerzentrale.

Wenn Sie als Projekt- oder IT-Manager tätig waren oder auch als Berater, können Sie diese Seite natürlich mit „Projekt-Übersicht" überschreiben und darin Ihre Kompetenzen kundtun. Wichtig: Beschreiben Sie nicht nur die Projekte, sondern vor allem Ihre Rolle darin. Was war die Projektzielsetzung? Wie ist die Durchführung verlaufen? Welches war das Ergebnis? Und wo wurden Ihre Entscheidungen sichtbar?

3

Noch ein wichtiger Hinweis: Verwenden Sie bitte für den Lebenslauf und die Dritte Seite die gleiche Schriftart, Größe und Zeilenabstand wie im Anschreiben.

Kompetenzprofil

Gerade für Outplacementberater, die anspruchsvolle Lebensläufe häufig für Headhunter oder Top-Positionen in Unternehmen erarbeiten, ist das „Kompetenzprofil" eine bedeutende Abrundung der Bewerbungsunterlagen. Wenn Sie sich damit noch nie befasst haben oder auf diese Ergänzung verzichten, ist das völlig legitim. In diesem Fall wird das Kompetenzprofil mit dieser Überschrift in den Lebenslauf integriert und befindet sich ganz am Ende, vor den Anlagen. Doch welche Idee steckt dahinter?

Im Lebenslauf haben Sie berichtet, welche Aufgaben Sie wann für welches Unternehmen übernommen haben. Unter den Erfolgen (entweder unterhalb der Positionen oder auf einer eigenen Seite) haben Sie außerdem erwähnt, welche die Ergebnisse Ihres Handelns waren. Über Ihre Kompetenzen haben Sie bisher lediglich am Rande berichtet. Im Anschreiben hatten Sie einen überschaubaren Raum für Ihre persönlichen Kompetenzen reserviert. Dabei war zum Beispiel eine Mischung von Sozial-, strategischer, methodischer oder auch Führungskompetenz möglich. Außerdem konnten Sie Ihre Persönlichkeitsstärken oder intrinsische Motivation beschreiben. Auch auf dem Deckblatt hatten Sie noch die Gelegenheit, Ihren „Mix" von Alleinstellungsmerkmalen, die Sie für die angestrebte Tätigkeit vorwiesen, zum Ausdruck zu bringen – darunter auch einige spezifische Kompetenzen.

Bis jetzt konnten Sie aber nicht in strukturierter Weise vollständig über alle vorhandenen Kompetenzen berichten, die Sie für die Ausübung Ihres Aufgabengebiets eingesetzt haben. Das Kompetenzprofil kann hier Abhilfe schaffen. Bevor wir uns einige Beispiele ansehen, verdeutliche ich nochmals den Sinn dieser Aufgabe:

- Wenn Sie beispielsweise zehn Jahre Berufserfahrung als Einkaufsleiter vorweisen, können Sie die Kompetenzen aufführen, die Sie zur Übernahme dieser Verantwortung befähigen, wie etwa Lieferantensuche, Verhandlungsgeschick, Empathie, Beharrlichkeit, Kommunikationsstärke. Sie haben vielleicht die Möglichkeit, diese Begriffe noch deutlicher auf Ihre Situation zu beziehen.

- Besonders sinnvoll wird ein Kompetenzprofil, wenn Sie möglicherweise dreimal eine vergleichbare Tätigkeit ausgeübt haben – zum Beispiel im Marketing. Das erste Mal waren Sie mehr operativ beschäftigt als Junior. Dann haben Sie eine Spezialisierung im Direktmarketing übernommen. Später waren Sie Teamleiter und Ihre Tätigkeit mehr strategisch ausgerichtet. Im Kompetenzprofil tragen Sie unter „Marketing" alle Kompetenzen aus den drei Zeiträumen zusammen.

- Wenn Sie eine Initiativbewerbung für eine avisierte Position versenden – zusammen mit einem Kompetenzprofil –, kann es sein, dass der Adressat für Sie noch einen anderen Einsatzbereich sieht. Kürzlich so geschehen bei einem meiner Mandanten. Dieser schickte an ein ihm bekanntes Unternehmen eine Initiativbewerbung als Leiter Vertriebsinnendienst. Ihm wurde eine Position als Leiter Außendienst angeboten.

- Ein Kompetenzprofil ist auch dann hilfreich, wenn Sie sich auf eine Position bewerben, die Sie bisher noch nicht innehatten. Sie bringen beispielsweise Kompetenzen aus den Bereichen Marketing, Vertrieb und Business-Development mit. Nun bewerben Sie sich auf eine Position Leiter Sales und Marketing. Sie führen Ihre jeweiligen Kompetenzen unterhalb der Kategorien Marketing, Vertrieb und Business-Development auf.

An dieser Stelle möchte ich zwei Beispiele für ein Kompetenzprofil nennen:

Beispiel 1: General Management

- Erfolgreiches Führen von sich dynamisch entwickelnden Organisationen
- Strukturieren und Vereinfachen von komplexen Prozessen
- Aufbau internationaler Organisationen, insbesondere in China, aber auch in den USA
- Erfolgreiches Transferieren kompletter Produktionsstandorte im In- und Ausland
- Ausrichtung von Organisationen an klaren, messbaren Zielen unter Einbindung der Mitarbeiter
- Change Management: Konzipieren und Vorantreiben von Veränderungsprozessen und Projekten
- Erfahrung im Managen von Projekten im internationalen Umfeld
- Zielgerichtete Kooperation in internationalen Netzwerken
- Stark in der Analyse und Konzeption, pragmatisch in der Umsetzung
- Stark im Führen und Motivieren von Teams (national und international)
- Stark im Erreichen von nachhaltigen Ergebnissen in Verhandlungen

Beispiel 2: Supply Chain Management

- Langjährige, erfolgreiche Erfahrung als Einkaufsleiter, Supply Chain Manager und Berater im Einkauf
- Einführen weltweiter Einkaufsstrategien und Berücksichtigen aller Total Cost-Aspekte mit dem Ergebnis signifikanter Kostenreduktionen
- Kostengünstiges Einkaufen, insbesondere in Bereichen mit hoher Teilevarianz, geringen Stückzahlen und hohem Gesamtvolumen
- Entwickeln von Lieferantenbeziehungen in Low Cost Countries
- Strategisches Managen von Materialfeldern

- Konzipieren und Implementieren von Controllingsystemen für den Einkauf
- Implementieren und Durchführen eines konsequenten Risikomanagements
- Integrieren von Lieferanten-Know-how in interne Entwicklungsprozesse
- Optimieren globaler Logistikketten
- Kostenoptimiertes Managen von Einkaufsprojekten im Rahmen von Großprojekten
- Aufbauen lokaler Lieferanten zur Erreichung von Local Content Vorgaben in internationalen Großprojekten

3

Wie Sie sehen, gibt es beim Thema „Kompetenzprofil" durchaus Spielräume. Natürlich können Sie auch lediglich Ihre Kompetenzen auflisten und nicht mit konkreten Beispielen verbinden. Das ist legitim, kann aber ein wenig „blutleer" wirken – oder weniger authentisch, da nicht mit einer konkreten Situation verbunden.

In den obigen Beispielen sind die Kompetenzen in einem realen Umfeld platziert – und wirken somit glaubwürdiger. Dadurch werden aber die Grenzen zu den konkreten Aufgaben fließend. Achten Sie darauf, dass Ihr Kompetenzprofil keine Wiederholung der Hauptaufgaben wird.

Anlagen und Zeugnisse

Hierbei handelt es sich überwiegend um die Nachweise, die Sie bereits im Lebenslauf erwähnt haben. Je länger Sie im Beruf stehen, umso weniger interessieren Schulzeugnisse. Die Arbeitszeugnisse sollten vollständig beiliegen, auch ältere Zeugnisse. Diese kommen gar an erster Stelle (ggf. nach dem Diplom-Zeugnis), sodass die Reihenfolge der Mappe folgendermaßen aussieht:

- Lebenslauf
- ggf. Dritte Seite
- ggf. Kompetenzprofil
- Abschlusszeugnis der letzten Schulausbildung (falls nicht zu weit zurückliegend)

- Ausbildungszeugnis (falls relevant)

- Diplomzeugnis (falls relevant)

- Nachweise weiterer Qualifizierungen (falls relevant, z. B. Promotion, MBA, Habilitation)

Es wäre sinnvoll, eine Grundahnung davon zu haben, was Ihre Zeugnisse aussagen. Wenn sie konsequent schlecht sind oder im Einzelfall auffällig, sollten Sie dies zumindest wissen. Dann können Sie überlegen, wie Sie damit umgehen wollen. Ich spreche hier nicht von der vermeintlichen (und bei Personalern, die wissen, was sie tun: auch realen) „Geheimsprache". Vielmehr meine ich offensichtliche Aussagen. In einem Zeugnis, das von einem deutschen Großkonzern ausgestellt worden war, las ich einmal, dass „bei Herrn G. hervorzuheben war, dass er immer während der Weihnachtsfeier den Weihnachtsmann spielte ...". Der arme Mensch hatte sich offenbar wenig Gedanken darüber gemacht, dass es über ihn sonst kaum etwas anderes zu sagen gab und er deshalb keine Einladungen zu Vorstellungsgesprächen erhielt.

Wenn Künstler oder Personen aus dem kreativen Bereich eine Bewerbung versenden (Designer, Texter, Layouter, Konzepter), gelten nochmals ganz eigene Gesetze. Hier sind dann Arbeitsproben gefragt und unumstößlicher Bestandteil. Mittlerweile kann man digital schon sehr viel erfassen oder auf Websites verweisen.

Digitalisierung der Unterlagen

Die Digitalisierung des Anschreibens, des Deckblatts inklusive Bild und des Lebenslaufs können Sie problemlos vornehmen. Heutzutage gibt es eine Reihe von Möglichkeiten, PDF-Dateien zu erstellen. Mit eigener Software, im Speicher-Format, als Druck-Output und so weiter. Der Unterschied: Die Dateigrößen sind alle unterschiedlich. Schauen Sie sich die Ergebnisse an und wählen Sie die Dateien mit dem geringsten Volumen – vorausgesetzt, die Qualität ist noch stimmig. Seien Sie aber nicht übermäßig anspruchsvoll. Der Arbeitgeber soll lediglich ein akzeptables Ergebnis erhalten. Binden Sie kein Bewerbungsbild mit 3 MB ein, das noch immer eine 2 MB-Deckblatt-Datei erzeugt. Das Bewerbungsbild können Sie vorher auf 50 oder 100 KB verkleinern.

Größe der Dateien

Etwas problematischer wird es mit dem Einscannen von Arbeits- und Diplomzeugnissen, Weiterbildungsbescheinigungen sowie sonstigen Dokumenten. Hier kommen rasch 20 Seiten zusammen. Auch hier gilt: Sie müssen keine hochauflösenden Dokumente erstellen. Es geht allein darum, dass der Arbeitgeber einen Eindruck gewinnt. Wenn sich nicht allzu viel Material angesammelt hat, sollten Sie in der Lage sein, das Gesamtvolumen auf 1 MB zu begrenzen. Befinden Sie sich eher in der zweiten beruflichen Lebenshälfte, kommen Sie im Normalfall mit 2 MB aus. Gelegentlich erhalte ich Dateien von 8 oder 12 MB. Das ist geradezu respektlos.

Anzahl der Anlagen

3

> **FAQ**
>
> **Frage:** *Soll ich eine Datei anhängen und darin alles verpacken? Die Datei hat dann eine Größe von 2 MB und enthält 50 Seiten. Oder soll ich der E-Mail besser mehrere PDF-Dateien hinzufügen?*
>
> **Antwort:** *Auch hier gehen die Meinungen auseinander. Wenn das Volumen der einen Datei gering ist und die Seitenanzahl überschaubar, würde ich zu einer einzigen Datei raten. Bei 50 Seiten empfiehlt es sich, den Inhalt aufzuteilen und entsprechend zu beschriften (Deckblatt, Anschreiben, Lebenslauf, Zeugnisse).*
>
> *Es ist relativ lästig, wenn der Arbeitgeber eine Datei öffnet, den Inhalt ausdrucken möchte und der Drucker plötzlich 50 Seiten ausspuckt. Es irritiert genauso sehr, wenn er sich zunächst recht eingehend mit der Datei befassen muss, um den Druckbereich definieren zu können. Für ihn würde es mehr Sinn machen, zunächst die Dateien „Deckblatt", „Anschreiben" und „Lebenslauf" zu öffnen und auszudrucken.*

Wann lohnt es sich, Unterlagen digital zu versenden?

- Wenn in einer Stellenanzeige ausdrücklich darum gebeten wird. Natürlich wird Sie niemand dazu zwingen. Aber Sie kennen nun den Wunsch des Unternehmens und sollten darauf eingehen.

- Wenn es schnell gehen sollte.

- Wenn Sie Ihre Bewerbung ins Ausland senden. Es ist wesentlich günstiger und nimmt weniger Zeit in Anspruch.

Wann können Sie Ihre Unterlagen in Papierform versenden?

- Gerade beim Erschließen des verdeckten Arbeitsmarktes reagieren Sie nicht auf ausgeschriebene Stellen und unterliegen somit keinen veröffentlichten Wünschen des Arbeitgebers. Wenn Sie Vorteile im bisher Beschriebenen sehen, steht es Ihnen frei, Ihre Unterlagen postalisch zu versenden.

- Ich wiederhole mich an dieser Stelle: Sie sind weder altmodisch, noch machen Sie etwas falsch, wenn Sie Ihre Unterlagen traditionell erstellen. Bis 2010 bevorzugten 61 Prozent aller Arbeitgeber noch immer die Zusendung der Bewerbung in Papierform. Bei vielen KMUs ist dies, wie wir gesehen haben, noch immer der Fall.

- Gerade bei kleineren mittelständischen Unternehmen können Sie den traditionellen Weg wählen. Diese Betriebe und Firmen haben häufig noch kein installiertes System, das dabei hilft, systematisch mit E-Mail-Bewerbungen zu verfahren.

3

Online-Portale

In zunehmendem Maße versuchen vor allem Großkonzerne, Sie dazu zu motivieren, Ihre Bewerbung in ein Online-Portal einzugeben. Sie werden in diesem Fall auch keine E-Mail-Adresse finden, sodass Sie Ihre Bewerbungsunterlagen nicht als „Attachement" versenden können. Überdies wird erwähnt, dass eine Papierbewerbung unerwünscht ist.

Die Vorteile für den Arbeitgeber liegen auf der Hand. In einer Datenbank hat dieser alle Informationen so aufbereitet, wie er sie sich wünscht. Er kann Abfragen vornehmen nach Ausbildung, Berufserfahrung oder Alter – und natürlich auch Suchbegriffe miteinander kombinieren.

Bei Bewerbern ist diese Art der Informationsübermittlung weniger gefragt. In meinen Seminaren höre ich immer wieder, dass Teilnehmer davon sehr irritiert sind:

- Der Zeitaufwand ist zum Teil enorm. Für die Eingabe muss mit 30 bis 45 Minuten gerechnet werden. Das Ergebnis ist nicht multiplikativ (wie beim Hinterlegen eines Profils bei einem Karriereportal oder bei XING), sondern einmalig und nur für diesen Arbeitgeber zugänglich.

■ Wenn man eine stringente, klassische Karriere „hingelegt" hat, mag die Datenbank diese Leistung noch honorieren. Da aber oft kein oder nur wenig Platz für etwaige Erläuterungen vorhanden ist beziehungsweise eine Datenbank wenig mit Erklärungen anzufangen weiß, ist dieses Medium für zusätzliche Kommentare eher ungeeignet. Die Chance, zu wenig berücksichtigt zu werden, ist groß.

■ Meist bleiben offene Fragen und damit auch Unsicherheiten beim Bewerber zurück:

- Wird mein Profil wieder gelöscht, wenn ich dies wünsche? Wie soll ich dabei verfahren? Erhalte ich eine Bestätigung?

- Ist mein Profil sicher? Wie bin ich gegen Datenmissbrauch geschützt? Immer wieder verschaffen sich Hacker Zugang zu Servern ...

- Was geschieht mit meinen Daten? Wie wird gewährleistet, dass diese nicht für andere Zwecke verwendet werden?

Der dritte Punkt mag vielleicht etwas paranoid klingen – aber ein solches System ist meist nicht besonders transparent. Solche klassischen Fragen werden kaum umfassend beantwortet, bevor man seine Daten eingeben soll.

Interessanterweise – auch deswegen, weil der Arbeitsmarkt zunehmend zu einem Bewerbermarkt mutiert – sind immer weniger Fachspezialisten und Führungskräfte bereit, „sich dem Diktat der Online-Portale zu unterwerfen." Entweder senden sie den Unternehmen Papierbewerbungen zu oder sie ignorieren diese potenziellen Arbeitgeber einfach – weil sie sich das „leisten" können. Auch Arbeitgeber haben in mehreren Untersuchungen festgestellt, dass die Qualität der Papierbewerbungen deutlich höher ist als die der digitalen Bewerbungen.

Das kann damit zusammenhängen, dass sich digital leichter ein Fehler einschleicht (Stichwort „Copy-and-paste"). Mit Sicherheit hat es aber auch damit zu tun, dass sehr qualifizierte Bewerber die Vorgehensweise schon längst umgekehrt haben und das Bewerbungsverfahren nach ihren Vorstellungen und ihrer Überzeugung gestalten. In vielen Fällen bedeutet dies ein Bewerben in traditioneller Form!

Den verdeckten Arbeitsmarkt erschließen

4

Der Wettlauf kann beginnen

In der Einleitung habe ich den verdeckten Arbeitsmarkt vorgestellt. Hier sind laut Agentur für Arbeit 70 Prozent aller Stellen vorhanden, im Führungsbereich 80 Prozent. Darauf bewerben sich konsequent 5 Prozent aller Bewerber. Ich habe Sie eingeladen, „Job-Hunter" zu werden. Nicht derjenige zu sein, der sich – mit vielen anderen zusammen – auf eine einzige Stelle bewirbt. Und sich dafür zusätzlich noch „verrenkt" und Zeit investiert, um vielleicht eine Position zu ergattern, mit der er nicht wirklich glücklich wird. Ich habe versucht, Ihnen eine Perspektive zu vermitteln, wie Sie Alleinstellungsmerkmale vorweisen können, Aufmerksamkeit erlangen und den Zuschlag erhalten für den Traumjob, den Sie zuvor definiert haben.

Dazu habe ich Sie in Kapitel 1 aufgefordert, sich mit sich selbst zu befassen. Die Fragen waren sehr persönlich. Es handelte sich um Ihre Motivation und die Umstände, welche Sie optimal unterstützen, um die besten Ergebnisse zu erreichen. Wir haben von Ihren Fähigkeiten gesprochen. Und über die Werte sowie den Sinn und was es für Sie bedeutet, hier zu stehen. Je mehr Sie die Antworten auf diese Fragen bei der „Jagd nach der Traumposition" berücksichtigen, umso größer ist die Chance, den Job in der Tat auch zu finden. Gleichzeitig ist anzunehmen, dass Sie sich darin wohl fühlen und somit erfolgreich sein können. Dies ist ein Schutz gegen Burn-out und somit ein Resilienz-Faktor. Denn das, was Sie tun, dürfen Sie länger machen als die vor Ihnen liegende Generation.

Im zweiten Kapitel haben wir recht nüchtern auf Ihren Lebenslauf geblickt und wie sich dieser bisher entwickelt hat. Das Ziel: Persönlichkeit (so wie Sie diese im ersten Kapitel definiert hatten) und Werdegang zusammenzubringen. Was wird ein Personalleiter Ihnen abnehmen? Welche „Story" ist für Ihre Umgebung glaubwürdig? Wie definieren Sie Ihr Profil? Wie lautet Ihre Positionierung auf dem Arbeitsmarkt? Diese letzte Frage ist natürlich ungemein wichtig – denn so werden Sie vom Arbeitsmarkt wahrgenommen. Arbeitgeber gehen davon aus, dass dies die Beschreibung Ihres Wunschtraums ist, derjenigen Stelle, die Sie sich am sehnlichsten wünschen und deren Tätigkeit Sie am liebsten ausüben – die Sie darüber hinaus am besten beherrschen, die Ihnen Motivation und Auftrieb verleiht, um die vor Ihnen liegende Strecke zu meistern!

Diese „Message" muss transportiert werden. Dieses war das Thema in Kapitel 3. Wir haben gesehen, dass Sie nur minimale „Slots"

4

haben, um einen Entscheidungsträger – der über Ihre Zukunft den Daumen heben oder senken kann – zu begegnen, zu beeinflussen. Eine Minute? Zwei Minuten? Da es sich hierbei um Ihr Leben handelt, ist dieser Augenblick des Aufeinandertreffens lächerlich kurz. Ihre geballte Energie sollte darauf ausgerichtet sein, um diesen Moment zu einer emotionalen und rationalen Berührung werden zu lassen. Sie sollen sich einhaken, fesseln, faszinieren und den Wunsch beim Arbeitgeber auslösen, dass er Sie kennenlernen möchte. Diesem Extrem-Anspruch sollten Ihre Unterlagen genügen.

In diesem Kapitel gehe ich davon aus, dass Sie „mit den Hufen scharren". Sie wissen, wer Sie sind. Und was Sie der Welt zu bieten haben. Sie haben nun Ihre Unterlagen vorbereitet. Da Sie sich nicht nur auf ausgeschriebene Stellen bewerben wollen, war es für Sie möglich, eine initiative Bewerbung zu verfassen. Jetzt warten Sie nur noch darauf, wie Sie an diese 70 oder 80 Prozent der Vakanzen herankommen, die da draußen warten. Da Sie sich so transparent wie möglich darstellen und sagen, was Sie wollen, können und was Ihnen wichtig ist, stellen Sie sich natürlich sehr verletzbar auf. Sie bieten viele Möglichkeiten, dass ein potenzieller Arbeitgeber davon absieht, mit Ihnen in Verbindung zu treten. Aber genau diese Vorselektion ist das, was Sie anstreben. Denn Sie wollen nicht „irgendwo" landen, um nach kurzer Zeit festzustellen, dass „es das nicht ist." Sie wollen aktiv Ihr Leben gestalten – und nicht von anderen gestaltet werden. Legen wir also los!

4

Ich werde Ihnen zehn mir bekannte Möglichkeiten vorstellen, um den verdeckten Arbeitsmarkt zu erschließen. Ich habe sie fast alle persönlich ausprobiert. Nicht jeder Weg ist für jeden geeignet oder optimal. Das hängt mit Ihrer Persönlichkeit zusammen, mit Ihrer Qualifikation, mit der Beantwortung bestimmter Fragen, die gestellt wurden. Nicht jeder wird mit einem Headhunter zusammenarbeiten. Wer regional einen Job sucht, wird vermutlich keine Stellensuchanzeige in einer überregionalen Zeitung schalten. Sie entscheiden, was für Sie Sinn macht. Ihre individuelle Bewerbungsstrategie müssen Sie selbst entwickeln.

Es liegt keine Wertung in der Reihenfolge, die Sie nachfolgend finden. Sie können mehrere Strategien parallel umsetzen. Oder Sie beginnen mit denjenigen Aktionen, die am meisten oder den schnellsten Erfolg versprechen – und starten zeitversetzt weitere Maßnahmen.

Wir fangen an mit der Initiativbewerbung. Denn den Inhalt, den Sie dafür entwickeln, können Sie auch für andere Strategien verwenden. Und manche Prinzipien lassen sich übertragen.

Initiativbewerbungen

Die Anzahl der Bewerber, die über eine Initiativbewerbung zu einer neuen Stelle finden, ist erstaunlich hoch. Es wird von 15 bis 20 Prozent gesprochen. In der Einleitung haben wir bereits gesehen, wieso. Wenn ein Unternehmen sucht, ist es mit Abstand einfacher, einige Bewerber einzuladen, von denen Bewerbungsunterlagen vorliegen, als die „Lawine" einer Stellenanzeige loszutreten.

Ich habe von meiner persönlichen Erfahrung mit einer Initiativbewerbung berichtet. Wir hatten gesehen, dass Sie bei einer Initiativbewerbung ca. 85 Prozent der Unterlagen „standardisieren" können. Die 15 Prozent an Veränderungen sind jeweils der individuelle Einstieg in das Anschreiben. Diese fünf Zeilen müssen zutiefst authentisch sein und von Herzen kommen. Das Zielunternehmen muss merken, dass Sie keine „Massen-Versand-Aktion" ausgelöst haben, in der Sie lediglich die Adressen ausgetauscht haben.

Gelegentlich erreichte mich eine solche Bewerbung in meinem letzten Teilangestelltenverhältnis als Geschäftsführer. Sie war „an die Personalleitung" gerichtet. Die Anrede lautete „Sehr geehrte Damen und Herren". Dann fing der erste Satz an mit „Ich bin auf der Suche nach ...". Solche Bewerbungen können hundert- oder vielleicht tausendfach multipliziert werden – und haben kaum Aussicht auf Erfolg. Sie kommen daher wie ein Massen-Mailing, eine Postwurfsendung, ein Schreiben der Bank, das mich davon überzeugen soll, zu einem Minimalzins ein Darlehen in Anspruch zu nehmen.

Diesen Fall gilt es selbstverständlich zu vermeiden. Daher sollte ein Teil Ihrer Energie in den aufwertenden Einstieg investiert werden. Der vorgelagerte Teil besteht darin, überhaupt ein adäquates Unternehmen zu finden. Und die Frage, wie dieser Prozess vor sich geht, ist spannend. Ich weiß nicht, ob meine Auflistung umfassend genug ist. Sie können sie gern für sich selbst ergänzen (und mir Hinweise diesbezüglich zukommen lassen – unter der am Ende dieses Kapitels vermerkten E-Mail-Adresse):

a) Lieblingsunternehmen

Ihr Herz schlägt womöglich schneller, wenn Sie an bestimmte Unternehmen denken. Das kann Porsche sein oder Douglas, Hugendubel oder Sixt, Zara oder aber Louis Vuitton. Wenn Sie eine Initiativbewerbung an Porsche senden, werden Sie nicht der Einzige sein. Große DAX-Konzerne erhielten in schlechten Zeiten bis zu 200.000 Initiativbewerbungen pro Jahr. Persönlich habe ich einmal ein unbekanntes Nahrungsergänzungsmittelunternehmen angeschrieben, das seine Produkte über den Direkt-Marketingkanal vertrieb – und erhielt umgehend eine Einladung. Obwohl dieses Unternehmen 50 Millionen Euro umsetzte, hat es – laut geschäftsführendem Gesellschafter – noch nie eine Initiativbewerbung erhalten. Faustregel: Je größer und bekannter das Unternehmen, desto geringer die Chance, dass Sie über diesen Weg ans Ziel kommen. Probieren kann man es immer. Und – dem demografischen Wandel sei Dank – immer mehr Unternehmen gehen respektvoller mit Initiativbewerbungen um und speichern diese „für schlechte Zeiten".

Der Vorteil: Sie haben keine Schwierigkeiten, einen tollen Einstieg zu finden, und können viele Gründe anführen, warum Sie ausgerechnet bei diesem Unternehmen Ihre Kompetenzen einsetzen möchten. Diese Emotionalität kann leicht als „zündender Funke" überspringen. Der Arbeitgeber wird sehr daran interessiert sein, motivierte Mitarbeiter zu gewinnen – vor allem in solchen Zeiten, in denen das Forschungsinstitut Gallup ständig beteuert, dass sich lediglich ein erschreckend kleiner Prozentsatz der Belegschaft wirklich mit dem Arbeitgeber identifiziert.

b) Wettbewerber

Wenn Sie nicht gerade einen Branchenwechsel beabsichtigen, sind Wettbewerber eine exzellente Anlaufstelle. Sie bringen Fachwissen mit, das Sie sofort einsetzen können. Sie kennen die Produkte, Kunden und Marktverhältnisse. Aber so, wie man in den Wald hineinruft, so schallt es auch heraus. Ich kenne nicht wenige Bewerber, die – leider zu spät – festgestellt haben, dass es um ihren Ruf am Markt nicht sehr gut stand.

Kleiner philosophischer Impuls: „Behandle andere so, wie du auch von ihnen behandelt werden willst." Dieser Satz gilt als goldene Regel und praktische Ethik. Für Bewerber, die sich nach diesem Bibelwort wie nach einer Leitlinie in ihrem Leben ausgerichtet haben, hat sich ihr Denken, Reden und Handeln manchmal als äußerst nützlich erwiesen – gerade im reiferen Alter. Ich habe Personen zwischen 50 und 60 gesehen, um die sich der Markt gerissen hat, da ihr Ruf herausragend war.

c) Die Augen offenhalten

In Zeiten des Job-Huntings sollten Sie führende Zeitungen und Zeitschriften (Wirtschaftsteil, Stellenanzeigen) lesen, um sich inspirieren zu lassen. Bei den Stellenanzeigen suchen Sie – im Übrigen – keine Vakanzen, sondern Unternehmen! Dazu gehören auch Wirtschaftszeitschriften wie *Manager Magazin, Wirtschaftswoche, Capital, Impulse* sowie *SPIEGEL* und *FOCUS*. Plötzlich wird Ihr Blick auf Unternehmen gelenkt, die wachsen, einstellen, erweitern. Sie eröffnen eine Niederlassung an einem nahen Standort, im Ausland oder an einem Ort, den Sie unter dem Punkt „regionale Präferenzen" aufgeführt hatten. Natürlich gehört dazu auch das Internet.

4

FAQ

Frage: *Herr Zeylmans, ich stehe in einem Angestelltenverhältnis. Das klingt nach richtig viel Arbeit. Wie soll ich das zeitlich alles schaffen?*

Antwort: *Das ist richtig – und die Frage ist berechtigt! In meiner Coachingpraxis nehme ich wahr: „The grass is always greener at the other side of the valley." Konkret: Bewerber, die ohne Arbeit sind, meinen, dass es einfacher ist, sich aus einem bestehendem Arbeitsverhältnis heraus zu bewerben. Dem möchte ich nicht absprechen. Gleichzeitig schaffen sie es – erfahrungsgemäß – kaum, genügend Zeit für adäquate Bewerbungsaktivitäten zu finden. Wenn sie fünf fundierte und gut recherchierte Bewerbungen pro Monat auf den Weg bringen, ist das eine gute Leistung. Es besteht jedoch ein Zusammenhang zwischen der Anzahl der Bewerbungen und deren Erfolgsquote. Es benötigt durchschnittlich zehn Bewerbungen für eine Einladung zu einem Vorstellungsgespräch. Und ich beobachte, dass drei bis vier Gespräche nötig sind, bevor man ein passendes Angebot erhält. Wenn man dann noch Optionen generieren möchte, liegt man rasch bei 100 Kontaktaufnahmen. Vor wenigen Wochen wurde ich von einem Mitarbeiter aus einer Marketingabteilung angerufen. 72 Kontakte herzustellen. Daraus resultierten zwölf Vorstellungsgespräche und vier Angebote. Das war ein guter Schnitt. Nicht wenige Berufs-*

tätige wünschen sich die Zeit, um den Prozess abzukürzen. Derjenige, der fünf Bewerbungen pro Monat auf den Weg bringt, braucht vielleicht ein Jahr, um den Absprung zu schaffen. Diese Zahlen stimmen durchaus mit meiner Beobachtung überein!

d) Job-Roboter bei Internetportalen

Wenn ich beim Online-Karriereportal Monster beispielsweise eingebe, dass mich das Stichwort „Maschinenbau" interessiert, erhalte ich über 1000 Treffer:

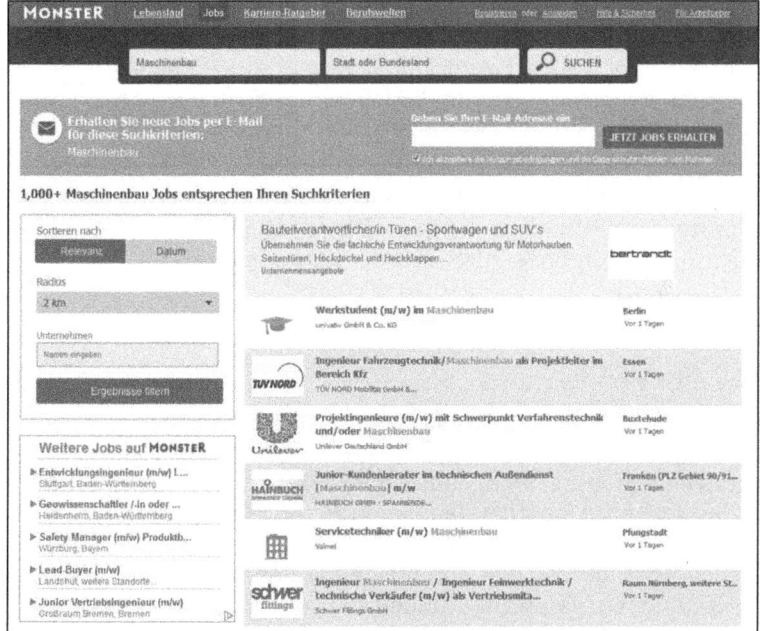

Quelle: www.monster.de

Das ist klingt ja schon mal sehr vielversprechend. Mein Profil in der Maschinenbauindustrie könnte so aussehen:

- Global Sourcing Manager
- Marketing-Leiter
- Mitarbeiter Produkt-Entwicklung

Ich kenne gewiss nicht alle Unternehmen am Markt. Nun bekomme ich schon mal einen Überblick darüber, welche es gibt (zumindest über solche, die eine Stellenanzeige bei Monster aufgegeben haben). In diesem Fall kann ich all die Anzeigen „durchklicken". Um noch einmal darauf zurückzukommen: Mich interessieren nicht die ausgeschriebenen Stellen an sich (es sei denn, es ist ein Zufallstreffer dabei). Aber dadurch lerne ich potenzielle Unternehmen kennen. Was noch schöner ist: In den meisten Fällen finde ich den Namen meines Ansprechpartners (Personal-Referent/Personalleitung) im Unternehmen. Wenn ich initiativ eine E-Mail-Bewerbung versenden möchte, finde ich diese hier häufig in personalisierter Form – was natürlich wesentlich besser ist als recruiting@... oder personal@... und bewerbung@...

Sehr hilfreich ist auch die automatische Benachrichtigungs-Funktion. Monster fragt mich, ob eine E-Mail-Benachrichtigung erstellt werden soll. Wenn ich dies bejahe, erhalte ich automatisch für die Zeit meiner Jobsuche alle neuen Angebote, in denen das Wort „Maschinenbau" vorkommt, zugesandt.

Monster ist ein schönes Beispiel. Die gleichen Funktionen bieten auch andere führende Internet- oder Karriereportale an:

- Stepstone
- Jobware
- Jobscout24
- Stellenanzeigen

Wenn Sie bei diesen Top 5 Ihre Stichworte (es sind mehrere möglich, sei es eine Branche, eine Stadt, eine Funktionsbezeichnung ...) hinterlassen, haben Sie jeden Tag genug zu tun, die Ergebnisse auf Validität hin für Sie auszuwerten und entsprechende Kontakte herzustellen. Ich sage immer – und meine das ernst: Arbeitssuche ist ein Vollzeitjob. Pro Tag sechs Stunden sinnvoll mit Job-Hunting zu verbringen ist leichter als gedacht!

e) Spezifische Tipps

Jobguide

Unter **www.jobguide.de** erhalten Sie kostenlos eine wirklich äußerst hilfreiche Information. Bis vor Kurzem waren die Jobguides lediglich käuflich zu erwerben zum – immerhin – günstigen Preis von 9,90 Euro. Pro Region oder Stadt (z. B. Düsseldorf, München, Berlin) wurden

Unternehmen und ihre Geschäftstätigkeit vorgestellt. In einem nächsten Schritt wurden dann ganze Branchen beleuchtet: etwa Energie, Handel, Konsumgüter, Maschinenbau. Das Tolle daran: Pro Unternehmen waren auch Ansprechpartner für Bewerbungen erwähnt, mit Namen, Durchwahl und E-Mail-Adresse. Nach einmaliger Registrierung erhält man nun dieses ganze Wissen unentgeltlich als Download! Vielleicht können Sie nun ein wenig den Wunsch vieler Vollzeitbeschäftigten nachvollziehen, die gern etwas mehr Zeit für die intensive Beschäftigung mit diesen Quellen zur Verfügung hätten.

Quelle: www.jobguide.de

Deutschlands beste Arbeitgeber

Auch diese Information war in der Vergangenheit lediglich in Buchform erhältlich. Nun finden Sie unter **www.greatplacetowork.de** die Aufstellung über die besten Unternehmen der vergangenen Jahre. Sie können selektieren, sich Details anzeigen und somit inspirieren lassen. Der wertschätzende Einstieg für Ihr Anschreiben wird Ihnen bei diesen ausgezeichneten Unternehmen leichtfallen.

Wer liefert was?

Auch der Link **www.wlw.de** kann sich als wahre Fundgrube erweisen. Einst „die Bibel" für Einkäufer, gibt diese Lieferantenquelle nun ihr Wissen auch Ihnen und mir preis. Wenn Sie Unternehmen in einer bestimmten Branche suchen, werden Sie hier fündig – und glücklich mit den Ergebnissen.

Bisnode

Bisnode (vormals Hoppenstedt) verfügt über aktuelle Verzeichnisse aller deutschen Unternehmen! Die Selektionskriterien gestalten sich so vielfach, dass sie gar nicht alle aufzulisten sind. Hier nur einige wenige, die für Sie von Interesse sein dürften:

- Name
- Größe
- Umsatz
- PLZ
- Branche
- Name des Personalleiters

Mit diesen Informationen verdient Bisnode sein Geld. Zu den Kunden zählen zum Beispiel Unternehmen, die eine Direct-Mailing-Aktion (Werbebriefe) durchführen möchten. Daher ist dieses Wissen auch nicht ohne Weiteres für die Öffentlichkeit zugänglich, sondern nur käuflich erwerblich.

In rund 60 Hochschulbibliotheken gibt es die sogenannte Hochschuldatenbank; dazu kommen etwa 40 weitere Hochschulbibliotheken, in denen Daten von Bisnode über eine GBI-Genios-Kooperation zugänglich sind. In klassischen Stadtbibliotheken ist Hoppenstedt in erster Linie mit Büchern vertreten, nur in ganz wenigen Fällen mit CDs.

Bundesanzeiger

Wenn Sie sich zu bestimmten Unternehmen nähere Informationen wünschen, ist der Bundesanzeiger eine ergiebige Fundquelle, vor allem, wenn es sich um finanzielle Angaben handelt. Natürlich können Sie auch hier Städte oder Stichworte eingeben. Das Ergebnis „erschlägt" dann aber meist aufgrund der Fülle an Treffern.

IHK

In manchen Bundesländern stellt die IHK eine Datenbank zur Verfügung, die der Qualität von Bisnode ähnelt. So bietet in Baden-Württemberg die IHK beispielsweise folgende Website an:

www.bw-firmen.ihk.de

Sie können Unternehmen suchen nach:

- Landkreis

- Umsatz

- Branche

- besonderen Stichworten

- einer Kombination von Suchkriterien

Direktvermittlung

4

Es gibt auch Personalvermittler, welche die Direktvermittlung über eine Initiativbewerbung für Sie vornehmen. Ein gutes Beispiel ist das Unternehmen RADAS (www.radas.de). Wenn Sie unter „Arbeitsuchende" auf „Vorgehensweise" klicken, wird Ihnen das Verfahren erläutert. Zunächst senden Sie Ihre Initiativbewerbung, die dann noch einmal überarbeitet wird. Sind Sie mit dem Ergebnis einverstanden, wird Ihre Bwerbung per E-Mail an ca. 1.500 Unternehmen initiativ zugesendet, und zwar in Branchen, die Sie vorher definiert haben. Es ist klar, dass es sich hierbei um ein Standard-Mail handelt. Für Sie wird eine eigene E-Mail-Adresse eingerichtet. Die Rückmeldungen und Einladungen erhalten Sie direkt. Die Rücklaufquote ist deutlich geringer, als wenn Sie selbst die Recherche betreiben und einen individuellen Einstieg wählen. Das fordert aber einen hohen Zeiteinsatz Ihrerseits. In diesem Fall haben Sie weiterhin kein Umschauen. Und auch wenn sich aus 1.500 Aussendungen „lediglich" zehn Kontakte ergeben, ist die prozentuale Rückmeldung zwar nicht berauschend. Sie selbst aber müssten für dieses Ergebnis sehr viel Energie investieren.

Die Konditionen sind äußerst fair – denn Sie zahlen nur auf Erfolgsbasis. Und wenn Sie zur Kasse gebeten werden, sind die Honorare mit 2.000 Euro moderat. Diese lassen sich im Idealfall vom ersten

Gehalt bezahlen. Und sogar hier kommt RADAS Ihnen noch entgegen. Sie zahlen erst nach sechswöchiger Anstellung. Außerdem können Sie den Betrag in acht Raten abzahlen. Und sollte das Arbeitsverhältnis innerhalb der Probezeit beendet werden, sind keine weiteren Raten fällig. Vielleicht denken Sie jetzt: Das hört sich fast zu gut an, um wahr zu sein. Einer meiner Mandanten hat das System ausprobiert und es hat genau so funktioniert wie beschrieben.

Noch ein Hinweis zum Schluss: Sollte Ihnen ein Vermittlungsgutschein der Agentur für Arbeit/Jobcenter vorliegen, wird darüber abgerechnet; Ihnen entstehen keinerlei Kosten.

Lebenslauf bei führenden Karriereportalen hinterlegen

Nachdem wir uns nun bereits näher mit diversen Karriereportalen befasst haben, können wir hier gleich anknüpfen. Der Begriff selbst wird übrigens auch gern von Monster & Co. verwendet. Im Volksmund spricht man oft auch von „Jobbörsen".

Eine Jobbörse „hängt" zunächst natürlich ausgeschriebene Stellen aus, ähnlich wie bei einem schwarzen Brett. Das Internetportal hilft dem Interessenten dabei, diejenigen Stellen zu finden, die ihn interessieren. Wir haben bereits gesehen, dass auch spezifische Stellen, etwa eines bestimmten Arbeitgebers oder gewisser Branchen, einem jeweils zugesandt werden können.

Außerdem bieten Jobbörsen noch weitere Dienstleistungen an, damit Kunden sich auf dieser Plattform aufhalten. Es finden sich beispielsweise hilfreiche Artikel, die sich mehrheitlich auf das Thema „Bewerbung", „Erfolg im Beruf" oder „Gehalt" beziehen. Auch Porträts bestimmter Arbeitgeber kann man nachlesen.

Des Weiteren – und dies interessiert uns an dieser Stelle besonders – bieten viele (nicht alle) führenden Jobbörsen die Möglichkeit an, den eigenen Lebenslauf zu hinterlegen. Diese Dienstleistung wird von den Marktführern unterschiedlich bezeichnet, ist aber auf der Website sofort auf einen Blick zu erkennen:

4

Lebenslauf bei führenden Karriereportalen hinterlegen

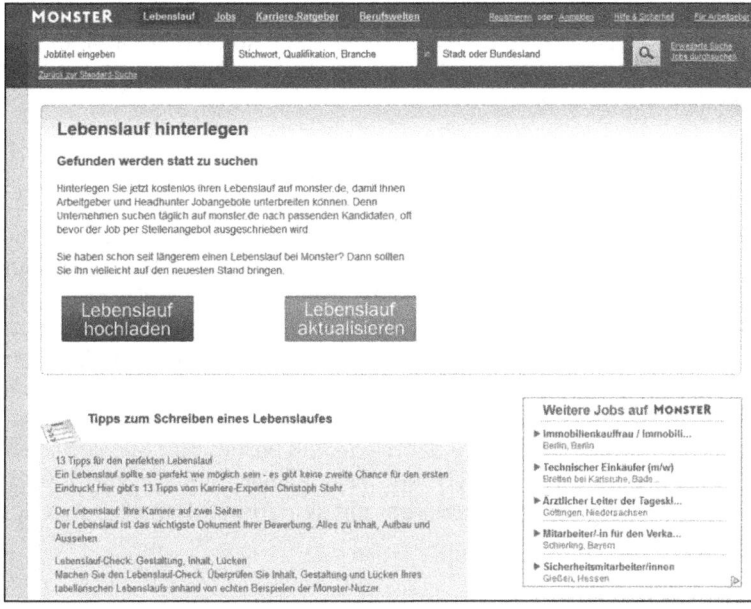

Quelle: www.monster.de

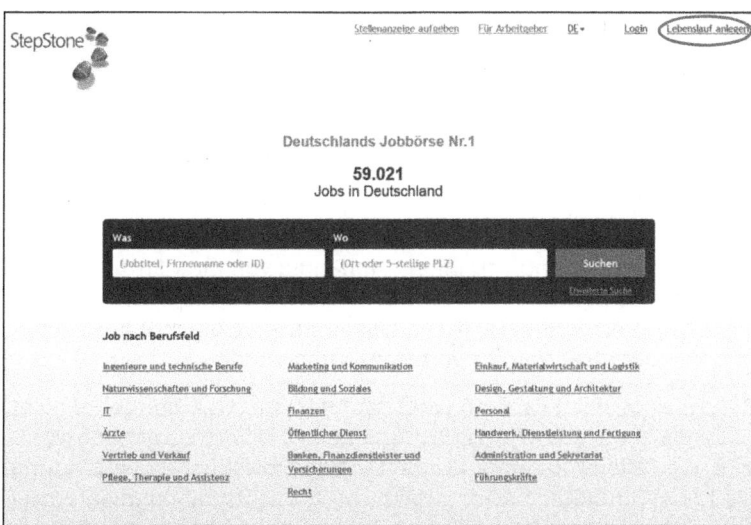

Quelle: www.stepstone.de

Nimmt man an dieser Stelle einen Perspektivenwechsel vor, wird deutlich nachvollziehbar, dass dieses Geschäftsmodell sowohl für das Karriereportal als auch für den Arbeitgeber und besonders natürlich für Sie von Interesse ist.

Karriereportal

Monster, um ein Beispiel zu nennen, geht mit Lebensläufen sehr transparent um. Ich möchte dieses Buch nicht mit Screenshots füllen – aber wenn Sie mal auf der Monster-Website auf „Arbeitgeber" klicken, finden Sie sehr einfach den Weg zu den Lebensläufen. Sie sehen dann auch, dass Monster für einen Zugriff über einen Zeitraum von zwölf Monaten 7.400 Euro (Stand 2016) verlangt. Somit ist auch Monster an einer guten Aufbereitung Ihrer qualifizierten Daten interessiert. Monster stellt diese dann – gemäß bestimmter Suchkriterien – interessierten Arbeitgebern und Personalberatern zur Verfügung. Der Service ist für Sie als Bewerber mit keinerlei Kosten verbunden.

4

Arbeitgeber

Sie können selbst einmal „gratis testen" (so der Text auf der Website), wie sich ein solcher Zugriff eines Arbeitgebers auf die Lebensläufe gestaltet, um zu sehen, was diese beispielsweise auswählen können:

- Funktionsbeschreibung

- Bundesland

- Distanz zum Unternehmen

- Aktualität des Lebenslaufs

Kommen wir aber nun zu Ihnen. Abhängig von Ihrer Situation (sind Sie noch im Angestelltenverhältnis, stehen Sie dem Arbeitsmarkt sofort zur Verfügung?) entscheiden Sie sich, ob Sie Ihre Bewerbung anonym oder transparent veröffentlichen werden.

Bei der anonymen Fassung weiß der interessierte Arbeitgeber nicht, mit wem er es zu tun hat. Er tritt über eine Mailbox beziehungsweise eine Weiterleitung seiner Kontaktanfrage mit Ihnen in Verbindung. Sie können natürlich noch zusätzliche Vorsichtsmaßnahmen ergreifen, wenn Sie Ihren derzeitigen Arbeitgeber im hinterlegten Lebenslauf nicht mit Namen nennen, sondern die Telekom etwa als einen

„führenden Dienstleister im Bereich der Telekommunikation" umschreiben. In der Praxis sind solche Vorsichtsmaßnahmen kaum notwendig.

Alternativ lässt sich Ihr Profil für jeden (der bezahlt) sichtbar darstellen. Sie können – je nach Jobbörse – sehr offen und auch ohne viel Aufwand mit bereits erstellten Dokumenten und Dateien umgehen. Jede Jobbörse bietet die Möglichkeit, Inhalte aus Textdokumenten an die entsprechenden Stellen hineinzukopieren. Vielfach können Sie gewünschte Dokumente auch einfach „hochladen". Das gilt dann für:

- das Anschreiben

- den Lebenslauf

- die Dritte Seite

- das Bewerbungsbild

- Zeugnisse

4

FAQ

Frage: *Ist es besser, den Lebenslauf anonym oder offen zu platzieren, wenn ich im Augenblick in einem Beschäftigungsverhältnis stehe?*

Antwort: *Wenn Sie keine Befürchtungen haben müssen, dass Ihr derzeitiger Arbeitgeber Ihr Profil sieht, können Sie natürlich Dokumente – wie etwa ein Bild und Zeugnisse – hochladen, aber auch den Lebenslauf. Gleichzeitig könnte das Gefühl beim potenziellen künftigen Arbeitgeber oder Personalvermittler ankommen, „dass Sie nichts zu verlieren haben". Daher ist es auch kein Fehler, wenn Sie Ihre Bewerbung anonymisieren. Das wirkt etwas „geheimnisvoller". Sie geben weniger von sich preis, das Interesse an Ihrer Person könnte steigen.*

Bei beiden Vorgehensweisen gibt es Vor- und Nachteile. Für gehobene Positionen würde ich dennoch zum anonymen Verfahren raten.

Profil

Ihre Profilbezeichnung ist natürlich von großer Bedeutung! Wenn ein Arbeitgeber sucht, gibt dieser entweder „Leiter Einkauf", „Supply Chain Manager", „Sachbearbeiter Logistik" oder Ähnliches ein. Oben habe ich gezeigt, dass Sie durchaus einmal ausprobieren können, welche Optionen einem Arbeitgeber zur Verfügung stehen. Sie sehen dann auch die Anzahl der Treffer mit einem bestimmten Stichwort.

„Der Wurm muss dem Fisch schmecken ..." Vielleicht gibt es mehrere Profil-Bezeichnungen, aus denen Sie auswählen können und die alle den Kern treffen. Bleiben wir mal beim Einkauf. Möglicherweise haben Sie für eine amerikanische Firma gearbeitet. Dort lautete die Berufsbezeichnung „Purchase Manager". Beim nächsten US-Unternehmen hießen Sie „Procurement Manager". Dann haben Sie in ein deutsches Unternehmen als „Einkaufsleiter" gewechselt. Mit allen drei Stellenbezeichnungen können Sie sich anfreunden.

Aktualisierung

4

Praxis-Tipp:

Wechseln Sie alle 14 Tage, spätestens jedoch nach einem Monat, Ihre Profilbezeichnung. Dies hat zwei Vorteile. Einerseits machen Sie eine andere Zielgruppe auf sich aufmerksam. Gleichzeitig aktualisieren Sie Ihr Profil. Wie Sie vielleicht beim „Testen aus Arbeitgebersicht" festgestellt haben, ist das letzte Aktualisierungsdatum ein wesentliches Kriterium. Verständlicherweise nehmen interessierte Arbeitgeber eher Kontakt zu Kandidaten auf, deren Profil vor Kurzem hinterlegt oder aktualisiert wurde. Bei Profilen, die sechs Monate alt sind oder gar ein oder zwei Jahre, geht der Arbeitgeber eher davon aus, dass es sich um Karteileichen handelt. Deshalb weisen Jobbörsen auch ausdrücklich auf die Bedeutung der regelmäßigen Aktualisierung des Profils hin.

Die meisten Jobbörsen zeigen Ihnen, wie häufig Ihr Profil aufgerufen wurde. Somit können Sie auch die „Attraktivität" eines bestimmten Job-Titels in Erfahrung bringen – und diese Kenntnisse sogar auf Ihr Profil bei anderen Jobbörsen übertragen.

Rücklauf

Mit welchen Rückmeldungen können Sie nun rechnen? Natürlich hängt dies wiederum von einigen Aspekten ab. Ihr Profil ist wichtig, ebenso Ihre Gehaltsvorstellung. Rückmeldungen erfolgen zu ca. 80 Prozent von Personalvermittlern. Allerdings von solchen, die eher die Personalbeschaffung für das untere und mittlere Management-Segment vornehmen. Es werden aber auch Stellen im sechsstelligen Jahresgehaltsbereich vermittelt. Top Executive Search Unternehmen machen aber von diesen Fundgruben keinen Gebrauch.

So können Sie davon ausgehen, dass Sie mit einem professionellen, aktualisierten Profil vielleicht dreimal pro Monat angesprochen werden. Wie gesagt, die meisten Kontaktaufnahmen erfolgen mittels Personalvermittler; der Rest direkt über die Unternehmen.

Jobbörsen

Bisher haben wir uns die Top-5 der Jobbörsen angesehen. Diese Internetportale sind allgemein ausgerichtet. Verschiedenste Unternehmen veröffentlichen dort ihre Vakanzen. Im Umkehrschluss konzentrieren sich hier auch viele Lebensläufe, was für interessierte Firmen und Personalberater sehr attraktiv sein kann. Darüber hinaus gibt es eine große Anzahl spezialisierter Jobbörsen.

4

Auf der Internetseite der Bundesagentur für Arbeit finden Sie eine Aufstellung sehr vieler relevanter Jobbörsen: www.arbeitsagentur. de → Bürgerinnen & Bürger → Arbeit und Beruf → Arbeits-/Jobsuche → Zusatzinformationen → Allgemeine Stellenbörsen

Nehmen Sie sich ausreichend Zeit, um nach einer für Sie geeigneten Jobbörse zu suchen. Dann sollten Sie überprüfen, ob die Option angeboten wird, den persönlichen Lebenslauf hinterlegen zu können. Natürlich gilt: Je unbedeutender die Jobbörse, desto weniger Unternehmen sowie Personalberater werden dort nach Lebensläufen suchen.

Die Frage, welches Karriereportal für Sie ideal ist, entscheidet sich nach Ihrem persönlichen Geschmack. Sämtliche Jobbörsen nehmen regelmäßig Änderungen vor. So war *Monster* bis vor der Umstellung bei meinen Klienten sehr bevorzugt. Nach den letzten Änderungen zogen sie *Stepstone* vor, da diese Jobbörse in ihren Augen einfacher zu bedienen war.

Kontakt zu Headhuntern

Noch vor wenigen Jahren galt der „Headhunter" bei Bewerbern als jemand, mit dem sich Geschäftsführer, Vorstände und Führungskräfte aus dem oberen Management in Verbindung setzten. Die Gehälter waren auf alle Fälle sechsstellig. Und mit „dem normalen Volk" gab sich diese Elite gar nicht erst ab.

Mittlerweile hat sich jedoch einiges geändert. Zunächst identifizieren sich die wenigsten Headhunter mit diesem Begriff. Lieber sprechen sie von „Executive Search Consultants", wenn die Suche sich im oberen Segment bewegt. Im mittleren Management wird häufig von „Personalberatern" gesprochen. Seitdem vor einigen Jahren die Exklusivität des Begriffes „Personalvermittlung" von der Agentur der Arbeit losgelöst wurde, wird auch von „Personalvermittlern" gesprochen. Wenn in diesem Buch von „Headhuntern" die Rede ist, meine ich damit die gesamte Bandbreite.

Differenzierung

4

Dabei sind wir bereits bei einem wichtigen Punkt angelangt. Der Headhunter-Markt war vor einigen Jahren noch recht überschaubar. Unternehmen, welche diese Dienstleistung in Anspruch nehmen wollten, wussten, dass sie dafür ein ordentliches Geld zu entrichten hatten. Dafür erhielten sie meist auch eine sehr gute Qualität.

Gründe für ein Unternehmen, mit einem Headhunter zusammenzuarbeiten, konnten beispielsweise sein:

- Schwierigkeiten, die richtige Person zu finden

- Diskretion – die Suchaktion sollte hinter den Kulissen stattfinden

- in wenigen Fällen: Outsourcing aufgrund fehlender Kompetenzen und Kapazitäten

Am Anfang wurde zwischen Headhunter und Unternehmen ein Exposé erstellt. Dies war eine Art ausführliches Anforderungsprofil. Darin wurden auch Aspekte beschrieben, die heute in Anzeigen nicht erscheinen würden, aufgrund des AGG (Allgemeines Gleichbehandlungsgesetz). Background, Branchenkenntnisse, Soft Skills, zu bewältigende Herausforderungen, Marktsituation ... Der Headhunter lernte die Unternehmenskultur sowie das Kollegenumfeld und die vorgesetzte Stelle kennen. Dadurch sollte dieser gewährleisten, dass nicht nur die Fachkompetenz des Kandidaten, sondern auch das

„Matching" mit dem Umfeld „passte". Auf Grundlage des Exposés wurde ein Vertrag erstellt. Der Headhunter stand in der Pflicht, drei bis fünf Kandidaten zu präsentiern, die diesem Anforderungsprofil entsprachen. Das Honorar wurde meist in drei Tranchen fällig. Es war in der Regel mit der Höhe der jährlichen Gesamtvergütung der zu besetzenden Stelle verbunden. Manche Executive Search Unternehmen, wie etwa Egon Zehnder, verhandelten das Honorar nach der Schwierigkeitsstufe der Position.

So der Ablauf gemäß „alter Schule", die in den 60er-Jahren des vergangenen Jahrhunderts aus den USA nach Europa „herüberwehte" und viele Jahre Bestand hatte.

Seit zehn oder 15 Jahren haben sich immer mehr Personen in dieses lukrative Geschäft hineingedrängt. Die Konsequenz: Die Honorare fielen, die Qualität häufig auch. Preismodelle änderten sich („no cure, no pay"). Aus dem Ausland (wie z. B. Großbritannien) kamen Geschäftsmodelle hinzu, bei denen ein Berater aufgrund von Anforderungsprofilen einfach Lebensläufe an die Unternehmen sandte. Ein Erfolgshonorar wurde lediglich fällig, wenn eine Vermittlung zustande kam.

4

Wegen geringerer Kosten konnten sich Personalberater auch um die Besetzung von Stellen im mittleren Management kümmern. Das sechsstellige Jahresgehalt wurde dabei sehr deutlich unterschritten. Bisweilen übertrug man dem Headhunter sogar die Akquise einer Sekretariatsstelle.

Wer heute beispielsweise auf **www.experteer.de/headhunter/search** nach Headhuntern sucht, findet ca. 5.000 Personen (ggf. zunächst ein kostenloses Profil anlegen).

Darunter sind dann „alle Kategorien" zu finden: Der Einzelkämpfer, der nur regional oder für ein einziges Unternehmen tätig ist. Die Headhunter, die eine bestimmte Hierarchie bedienen. Diejenigen, welche erst ab einem gewissen Honorar tätig werden. Unternehmen, die international tätig sind, eingebunden in Netzwerke. Personalberater für einzelne Segmente, Generalisten usw.

Worauf ich hinauswill: Bewerber in der heutigen Zeit sollten nicht mehr länger an dem Gedanken festhalten, Personalberater wären unnahbar, da diese sich ausschließlich in elitären Kreisen bewegen.

Das mag für manche Berater und auch für einige der Top Executive Search Unternehmen zutreffen – aber Berührungsängste sind nicht angebracht.

Einen Headhunter beauftragen

Früher wurde ehrfürchtig darüber gesprochen, wie man sich am besten und interessant genug darstellen sollte, um von einem Headhunter gefunden zu werden. Der Gedanke, dass auch ein Kandidat die Initiative ergreifen und den Kontakt zum Headhunter herstellen könnte, erschien vielen zu abwegig.

Auch wenn dies in der Tat möglich ist, soll das nicht davon ablenken, dass ein Unternehmen die Suche in Auftrag gibt. Damit verdient der Headhunter sein Geld. Es ist also – aus der Definition der Geschäftstätigkeit eines Headhunters heraus – unmöglich, dass Sie als Bewerber einen Headhunter beauftragen.

Sie können diesbezüglich Out-Placement-, New-Placement- oder Best-Placement-Unternehmen beauftragen, Karriere-Coaches und wie sie sich alle bezeichnen – aber keinen Headhunter!

Jedoch können Sie durchaus Kontakt zu einem Headhunter herstellen, auf Ihre Qualifikation hinweisen und fragen, ob Ihr Profil einem Mandantenauftrag entspricht. Dabei sollten Sie nicht übersehen, dass – gerade im anspruchsvolleren Bereich – ein Headhunter mit Abstand mehr damit beschäftigt ist, wie er seine nächsten Aufträge akquirieren kann, als mit der Suche nach geeigneten Kandidaten. Top Executive Search Unternehmen haben Zugriff auf exzellente interne (und manchmal externe) Research-Abteilungen. Diese finden absolut geeignete Kandidaten. Und ein Headhunter sieht die Gespräche mit diesen Personen als Arbeit und Tagesgeschäft an.

Dennoch sind Headhunter grundsätzlich auch offen für neue Kontakte, die von Kandidaten hergestellt werden, für einen Netzwerkaufbau und eine Datenbankpflege. Auch hier ist Nüchternheit angesagt. Man kann einem Headhunter nicht vorschreiben, wie dieser zu verfahren hat (Aufnahme des Profils in einer Datenbank). Auch wenn Sie häufig eine freundliche Rückmeldung erhalten, dass man Ihre Daten erfassen wird, sind solche Aussagen mit einer gewissen Vorsicht zu genießen.

Wie finden Sie den richtigen Headhunter?

Damit diese Frage adäquat beantwortet werden kann, müssen Sie sich im Klaren über Ihr Profil sein:

- Berufsbezeichnung

- Branche/Segment

- Gehaltsebene

Es führt kein Weg daran vorbei, dass Sie sich näher mit dieser Branche befassen. Bald werden Sie Namen von Executive Search Consultants finden, welche die Top 10 oder Top 20 in Deutschland darstellen. Da diese Unternehmen ihre Kandidatensuche nicht durch Anzeigen unterstützen und somit nicht in Erscheinung treten, sind manche Namen vielleicht nicht geläufig:

- Egon Zehnder

- Ray & Ogers

- Heidrick & Struggles

- Heads

- Russell Reynolds

- Delta

- Korn/Ferry

- Gemini

- Spencer Stuart

- Civitas

Beispiel:

Oktober 2002. Ich höre meine Mailbox ab. Dr. B. von Egon Zehnder meldet sich. Er sei „mit einem aktuellen Projekt beschäftigt und habe an mich gedacht. Wenn ich grundsätzlich interessiert sei, möge ich mich einmal telefonisch bei ihm melden."

Das mache ich am nächsten Tag. Dr. B. ist sehr offen. Er nennt mir den Namen des – mir bekannten – Auftraggebers und schildert mir kurz die Unternehmenssituation sowie die Herausforderung der Geschäftsführerposition. Er schlägt vor, mir das Exposé per E-Mail zuzusenden. Auch dies ist sehr transparent, kompakt und dennoch detailliert verfasst. Das Unternehmen wird beschrieben, vor allem die Entwicklung und die Gründe, die zur Suche des Geschäftsführers geführt haben. Dann wird das Profil der Position mit Fachkompetenz und Soft Skills dargestellt.

Per E-Mail bestätige ich, dass der Prozess in Gang gesetzt werden kann.

Ein erstes Treffen findet mit dem Partner in Köln statt, wo er einen Kundentermin mit unserem Treffen kombiniert. Ich hatte Egon Zehnder vor 1,5 Jahren einmal eine Initiativbewerbung zukommen lassen und wurde daraufhin eingeladen. Damals fand ein erstes Gespräch mit Dr. B. statt. Es wird nicht ganz klar, ob meine Daten einst gespeichert wurden oder ob die Research-Abteilung mich gefunden hat. Der Auftraggeber bewegt sich in einem äußerst engen Segment, in dem ich mehrere Jahre als Geschäftsführer Erfolge verbuchen konnte.

Nun soll der nächste Termin mit dem Auftraggeber stattfinden. Dr. B. ist nicht dabei, wenn ich meine Ansprechpartnerin in München treffe. Das Gespräch nimmt ca. 1,5 Stunden in Anspruch. Anschließend ist die Dame interessiert, denn Dr. B. meldet sich bei mir telefonisch, dass ich unter den Kandidaten, die der Kunde gesehen hat, nun „Benchmark" sei und es „ernst werde."

Bisher hat Dr. B. den Prozess eher an der langen Leine geführt und abgewartet, wie sein Kunde reagieren wird. Nun ist ein vermehrtes Interesse vorhanden, da ein Abschluss möglich wird. Weitere Kontakte erfolgen häufig auch mit seinem „PA" (Personal Assistent). Es handelt sich um eine diskrete Dame mit hoher Empathie, herausragender Kompetenz und einem guten Schuss Humor. Anrufe an meinem Arbeitsplatz werden nach Möglichkeit vermieden. Kontakte finden mit Rufnummer-Unterdrückung statt.

In einem nächsten Schritt soll ich – auf Wunsch des Auftraggebers – die Firma in Moskau ansehen. Hier ist meine etwaige künftige Chefin, die ich in München kennengelernt habe, beschäftigt und in dieser Stadt kann ich sehen, wie das gewachsene

Unternehmen aussieht, das als „Role Model" gilt. Der Termin soll Anfang Januar stattfinden – und es ist gar nicht einfach, noch rechtzeitig vor Weihnachten ein Visum zu erhalten. Egon Zehnder verfügt über beste Kanäle und mit Kurier wird alles fristgemäß erledigt. Nachdem ich zwei Tage in Moskau verbracht habe, ist die nächste Station in der Hauptstelle in Dallas/USA.

Mit einem Direktflug in der Business Class von Düsseldorf in die USA komme ich abends in Dallas an. Ich übernachte im Dallas Galleria Hotel. Am nächsten Tag sind zehn Termine mit dem Executive Management in der Hauptstelle eingeplant. Der Einstieg ist locker: „In Dallas kann man wenig machen – außer shoppen und essen", wurde mir gesagt. Dann wird es aber ernst. Nach der Rückkehr kontaktiert mich Dr. B. und signalisiert „grünes Licht" für den Abschluss.

Dies war eine Erfahrung mit der Vorgehensweise und Kompetenz eines der weltweit führenden Executive Search Unternehmens.

Ich hatte bereits auf die Suchoption bei Experteer hingewiesen. Sie können die Personalberatungsunternehmen beziehungsweise die Einzelpersonen nach unterschiedlichen Kriterien selektieren.

4

Eine andere gute Anlaufstelle ist die Website des BDU – Bundesverband Deutscher Unternehmensberater.

Quelle: www.bdu.de

Hier finden Sie das Icon „Nutzen Sie unsere Beraterdatenbank/Berater suchen". Nun können Sie weiter selektieren nach „Beratungsberichte" und „Personalberatung/Suche und Auswahl von Personal". Die Unternehmen haben sich einer Selbstverpflichtung unterworfen und können als seriös angesehen werden.

XING für Ihre Headhuntersuche

Obwohl wir uns gleich noch ausführlich mit XING befassen werden, sende ich hier einmal voraus, dass Sie als XING-Mitglied andere XING-Mitglieder suchen können. Es handelt sich dabei um eine ausgereifte Datenbank mit derzeit rund 14 Millionen Mitgliedern. Darunter befinden sich etwa 60.000 „Personaler", sprich: Mitarbeiter aus Personalabteilungen in Unternehmen. Aber eben auch Personalberater, Headhunter & Co.

Die Datenbank ist für Headhunter einfach zu verlockend, als dass sie sich nicht registrieren würden, um sich ebenfalls „auf Suche" begeben zu können. Bei XING gibt es aber keine Einbahnstraßen. Somit können Sie sowohl selbst gefunden werden als auch andere finden.

In der Suchmaske lässt sich auch die Branche eingeben, beispielsweise „Personaldienstleistungen". Dieses Suchkriterium können Sie etwa mit Ihrer Stadt oder einer Großstadt in Ihrer Nähe kombinieren. Man kann auch bundesweit suchen und als anderes Suchkriterium die Berufsbezeichnung im Feld „Ich suche" (aus Sicht des Personalbeschaffers) eingeben. So können Sie zum Beispiel folgende Kriterien miteinander kombinieren:

- Branche: Personaldienstleistungen

- Ich suche: Controller (aus Sicht des Personalberaters)

- Stadt: Stuttgart

Wenn es einen Headhunter in Stuttgart gibt, der auf seinem XING-Profil eingetragen hat, dass er Kontakt zu Controllern sucht, werden Sie ihn sicherlich schnell finden. Sie sind dann nur noch einen Mausklick von der direkten Kontaktaufnahme entfernt.

XING & Social Media

Bleiben wir bei der Plattform XING. 2003 gründet Lars Hinrichs das Unternehmen mit dem damaligen Namen „Open BC" wobei BC für „Business Club" stand. Das Ziel: Geschäftsleute zusammenzubringen. Daher waren die Profilfelder „Ich biete" und „Ich suche" auch von Bedeutung, um ein Matching (Übereinstimmung) herbeizuführen. Von Anfang an wurde XING von einer leistungsfähigen Datenbank unterstützt – und so war es möglich, Mitglieder zu finden, die genau diejenigen Produkte oder Dienstleistungen anboten, die für andere von Interesse waren.

Um ein „Gefühl" für die Identität des Mitglieds entstehen zu lassen, wurden einige Standardfelder aufgeführt, wie etwa Ausbildung, Interessen, vorherige Arbeitgeber und derzeitige Organisation(en), für die das Mitglied tätig war. Ein Nebeneffekt: Neue Mitglieder konnten andere XING-Kontakte suchen, die beispielsweise in der Vergangenheit beim gleichen Arbeitgeber gearbeitet hatten. So sprach sich herum, dass sich eine Mitgliedschaft lohne. Das Wachstum entwickelte sich sprunghaft. Die Anmeldung war nicht mit Kosten verbunden. Es gab jedoch die Möglichkeit, für 5 Euro netto pro Monat die Premium-Mitgliedschaft zu erlangen. So ließ sich genau feststellen, wer ein Profil aus welchem Grund besucht hatte.

4

Heute sind, wie eingangs erwähnt, ca. 14 Millionen Mitglieder bei XING angemeldet. XING ist das führende Business-Netzwerk im deutschsprachigen Raum. Zahlreiche Informationen wecken Begehrlichkeiten – sowohl bei Personalern wie auch Headhuntern. Bei ihrer Suche „screenen" diese gern die Datenbank. Sie suchen nach Branchen sowie nach Mitgliedern, die bei bestimmten Unternehmen (Wettbewerber) arbeiten oder gearbeitet haben. Oder sie fragen bestimmte Kompetenzen ab (Feld: „Ich biete"). Deshalb ist ein gepflegtes und stets aktuelles XING-Profil während Ihrer Job-Hunting-Phase unerlässlich. Auch hier sollte das gleiche oder ein ebenso professionelles Foto, wie es auf den Bewerbungsunterlagen zu finden ist, hochgeladen werden. Außerdem sehr wichtig: Pflegen Sie vor allem den Textblock „Ich biete".

Headhunter werden bei ihrer Suche sehr häufig gerade dieses Feld als Suchkriterium ausfüllen. Seit einiger Zeit bietet XING die Möglichkeit, hier seine drei „Top-Fähigkeiten" zu erwähnen. Machen Sie davon Gebrauch! Sie können bei der Auflistung Ihrer Kompetenzen durchaus etwas großzügiger sein. Letztlich geht es an erster Stelle darum, dass Sie gefunden werden. Vermeiden Sie zusammengesetzte Wörter und Sätze. Begrenzen Sie sich auf kurze Begriffe, die eine Übereinstimmung mit einzelnen Suchworten erlauben.

Wenn ein Headhunter Ihr Profil gefunden hat, macht die Reihenfolge der Kompetenzen Sinn. Wählen Sie somit Ihre „Top-Fähigkeiten" mit Bedacht. Nennen Sie an dieser Stelle Fachkompetenzen, keine Soft-Skills. Das gilt übrigens für die gesamte Reihenfolge. „Finanzbuchhaltung", „Controlling" und „Revision" kommen vor „Führungspersönlichkeit", „Durchsetzungsfähigkeit" und „Verhandlungsstärke".

Es ist immer spannend, wenn Sie als Mitglied sehen, wer Ihr Profil aufgerufen hat und warum. Sehr häufig werden Sie feststellen, dass es sich um einen Personalberater, Recruiter, Headhunter oder auch Personalleiter eines Unternehmens handelt.

Während Ihr Profil für jeden sichtbar ist, sind die einzelnen Kontaktaufnahmen beziehungsweise die Darstellung, wer Ihr Profil aufgerufen hat, nur für Sie erkennbar. Nur noch kurz zur Info: Es ist nichts „Anrüchiges" daran, Mitglied bei XING zu sein. Anders als Jobware, Jobscout24, Stellenanzeigen & Co. ist XING keine „Jobbörse", sondern eine „Community" – eine Gemeinschaft, ein Business-Netzwerk. Hier findet Austausch in Gruppen mit gleichen Interessen statt, Mitglieder weisen auf Dienstleistungen hin, es werden Nachrichten versandt und Geschäfte angebahnt.

Wenn sich ein Personaler Ihr Profil angesehen hat, spricht nichts dagegen, ihm einige Zeilen zuzusenden. Sie können ihm sagen, dass Sie sich gefreut haben über seinen „Besuch". Sie teilen mit, dass Sie der Person gern vollständige Unterlagen zusenden, wenn diese ihre Kontaktdaten freischaltet. Der Umgang in XING untereinander ist freundlich und normalerweise können Sie mit einer kurzen Rückmeldung rechnen.

Es ist auch möglich, den Prozess umzudrehen, wie bereits im Kapitel „Kontakt zu Headhuntern" erwähnt. Sie können beispielsweise im Feld „Person sucht" das Stichwort „Controlling" eingeben, bei „Ort" etwa Stuttgart und im Feld „Branche" den Begriff „Personaldienstleistungen".

Mit einer solchen Suchanfrage stellen Sie fest, ob es Mitglieder gibt, die in Stuttgart in der Personalbeschaffung tätig sind und Controller suchen. Wenn ja, werden diese angezeigt, und Sie können direkt Kontakt zu ihnen aufnehmen.

Ein „Gegenbesuch" dieser Personen auf Ihrem Profil ist übrigens sehr wahrscheinlich, da sie angezeigt bekommen, dass Sie ihr Profil aufgerufen haben. Der Mensch ist neugierig – und das Mitglied möchte gern sehen, wer Sie sind. Dann ist es für Sie wieder ganz einfach – sofern noch nicht erfolgt –, den Kontakt zu dieser Person herzustellen, indem Sie erneut auf das Interesse für Ihr Profil hinweisen. Sie sehen: Es handelt sich um ein digitales Katz-und-Maus-Spiel.

Denken Sie auch darüber nach, wie Sie das Feld: „Portfolio" (darüber haben wir uns noch nicht unterhalten) sinnvoll füllen können. Vielleicht wollen Sie einen sympathischen Lebenslauf schreiben. Nicht wie in der Bewerbungsunterlagen, sondern: den roten Faden Ihres Lebens. Dadurch lernen Interessenten Sie besser kennen. Bei der Erstellung der Unterlagen habe ich bereits darüber gesprochen, dass der Personaler Sie auch als Mensch kennenlernen möchte. Sie können davon ausgehen, dass Personalberater mittlerweile Kandidaten zu 70 Prozent googeln. Dann liest dieser Ihren Beitrag mit einer ziemlich hohen Wahrscheinlichkeit. Ihr XING-Profil wird auch in Google gefunden – und das „Portfolio"-Feld (kann sehr ausführlich sein) wird auch Nicht-XING-Mitgliedern angezeigt.

Sie haben zudem die Möglichkeit (über die Einstellungen), das Portfolio-Feld an erster Stelle zu schalten. Interessenten sehen dann zunächst diesen Inhalt. Sie können diesen auch ganz kreativ gestalten, mit mehreren Bildern etwa oder gar einem Video. Sollten Sie mit einer Bewerbung völlig transparent umgehen wollen, können Sie hier auch das Deckblatt Ihrer Bewerbung sichtbar machen.

Was ist sonst noch bei XING zu berücksichtigen und wie können Sie die Wahrnehmung Ihrer Kompetenzen zusätzlich verstärken?

Anzahl der Kontakte

Übertreiben Sie es nicht. Wenn Sie über 1.000 Kontakte vorweisen, wirkt dies kaum noch seriös. Ist die Anzahl hingegen zu gering, kann das auch negativ wirken. Da Ihr Eintrittsdatum bei XING sichtbar ist, brauchen Sie sich keine Gedanken zu machen, wenn Sie im ersten Jahr noch weniger als 100 Kontakte vorweisen. Ideal ist ein Netzwerk von 200 bis 500 Personen. Achten Sie natürlich auch auf die Qualität der Kontakte. Wer bekannte Persönlichkeiten in seinem Netzwerk hat, vermittelt einen anderen Eindruck als derjenige, der sich in anrüchigen Branchen aufhält. Im Zweifelsfall können Sie unter den Einstellungen blockieren, dass Ihre Kontakte sichtbar sind. Fühlen Sie sich auch nicht verpflichtet, jede Anfrage zu bestätigen. Es ist sogar eine gute Netzwerkregel (dazu später mehr), dass Sie – im Normalfall – nur die Kontakte in Ihr Netzwerk aufnehmen, die Sie persönlich kennen. In prominenten Fällen können Sie davon natürlich abweichen. Und auch sonst mag es diverse Gründe geben (jemand hat einmal einen Vortrag gehört, ein Buch von Ihnen gelesen, eine Empfehlung zu einem Kontakt mit Ihnen erhalten usw.).

Gruppen

Ihre Gruppen-Mitgliedschaften geben natürlich einen Aufschluss über Ihre Interessen. Auch hier gilt: Versuchen Sie, nicht in mehr als 100 Gruppen Mitglied zu sein, sondern halten Sie die Zahl überschaubar (10–20). Außerdem macht es mehr Sinn, wenn Sie großen Gruppen beitreten als elitären Kreisen mit 15 Mitgliedern. Auf den ersten Blick ist nicht sichtbar, ob Sie sich als Gruppenmitglied auch aktiv an Diskussionen beteiligen; dazu muss man Mitglied in der Gruppe werden. Es lohnt sich allerdings, wenn Sie sich gelegentlich zu Fachthemen äußern. Gerade in größeren Gruppen gibt es immer Fachspezialisten – darunter auch Headhunter –, die Ihr Profil dann möglicherweise näher unter die Lupe nehmen. Über diesen Weg sind schon so manche bedeutende Kontakte zustande gekommen.

Social Media

Den Social Media kommen zunehmende Bedeutung zu – und das gleich aus mehreren Gründen:

Erweiterte Suche der Arbeitgeber und Headhunter

Schätzungsweise 70 Prozent aller potenziellen Arbeitgeber googeln ihre Kandidaten. Sie haben wesentlich mehr Einfluss auf das Ergebnis als manchmal angenommen. Viele Netzwerke, denen Sie beitreten können, werden von Google hoch gelistet. Das bedeutet, dass

Sie in einfacher Weise selbst bestimmen können, welche Top 10-Suchergebnisse angezeigt werden. Den Inhalt haben Sie dann zu 100 Prozent in der Hand. Bekanntlich suchen viele Personen nicht weiter als auf der ersten Seite der Treffer. Im Folgenden werden wir sehen, welchen sozialen Netzwerken Sie sinnvollerweise beitreten können und wie Sie sich diese zunutze machen.

Aktive Suche der Unternehmen

Es gibt mehrere Gründe, warum Unternehmen sich zunehmend weniger auf die Stellensuchanzeigen (Print oder digital) verlassen. Bisher haben wir gesehen, dass Arbeitgeber und Arbeitnehmer über die traditionellen Kanäle schwierig zusammenfinden. Darüber hinaus haben viele Unternehmen festgestellt, dass sie ihre Wunschkandidaten gar nicht über eine Stellenanzeige erreichen. Ist der derzeit erfolgreiche Kandidat mit seiner Arbeitsstelle zufrieden und gut beschäftigt, hat er gar keine Zeit, sich mit Stellenanzeigen zu befassen. Ein nächster Grund ist der bereits erwähnte „War of Talents": Firmen sehen sich immer mehr im Wettbewerb zueinander und gehen neue Rekrutierungswege.

4

Solche Arbeitgeber stellen dazu Spezialisten ein, vom Employer Branding Manager über den Candidate Experience Manager bis hin zum Social Media Manager. Das Ganze wird vielleicht von einem Feel Good Manager oder einem Chief Happiness Officer abgerundet. Wenn Sie jetzt denken, dass diese Funktionen nur in den USA besetzt werden, liegen Sie falsch. Wenn Sie diese Bezeichnungen in diversen Suchmaschinen eingeben, werden Sie feststellen, dass es sich durchaus um eine Praxis handelt, die zunehmend in Deutschland angewendet wird.

Diese Unternehmen verlassen sich – wie erwähnt – nicht länger auf Stellenanzeigen. Sie suchen selbst (Active Sourcing) bei Netzwerken wie XING oder auch LinkedIn. Dazu gibt es noch weitere Anlaufstellen, wie wir gleich sehen werden.

Über den Tag hinaus: Digitale Reputation und Personal Branding

Perspektivisch gesehen nimmt die Bedeutung des Lebenslaufs ab. Einmal, da Arbeitgeber nach weiteren Informationen zu Kandidaten suchen und die Aussagen aus formalen Bewerbungsunterlagen somit relativiert werden. Zweitens haben Unternehmen und Headhunter Sie möglicherweise schon längst identifiziert, ohne dass ihnen eine klassische Bewerbung vorliegt. Somit stellt sich umso dringender die Frage nach Ihrem Personal Branding. Wenn Sie mit dem Aufbau Ihrer digitalen Reputation erst während einer Phase der Neuorientierung beginnen, ist das (zu) spät. Denken Sie bitte langfristig! Die nächste Bewerbungsphase kommt bestimmt. Zwar wollen sich viele Arbeitnehmer nicht mit Bewerbungsaktivitäten befassen, sind aber durchaus für eine pro-aktive Ansprache durch Headhunter offen.

Somit ist es gut, wenn Sie in Bewerbungsphasen solide Aussagen im Internet aufgebaut haben, welche die Wahrnehmung Ihrer Kompetenzen bestätigen, spezifizieren und erweitern. Und gerade diese Aspekte möchte ich nochmals vertiefen. Denn egal wie qualifiziert Sie Ihre Bewerbungsunterlagen gestaltet haben – die Möglichkeiten zu einer Selbstdarstellung sind begrenzt. Das hängt einmal mit dem Textvolumen zusammen. Zweitens hat ein potenzieller Arbeitgeber auch nur eine begrenzte Aufnahmekapazität. Das Spannende einer digitalen Reputation: Die Aussagen, die Sie betreffen, sind nicht „mehr von ein und demselben", sondern weisen eine andere Qualität auf. Auf LinkedIn gibt es beispielsweise Personen aus Ihrem Netzwerk, die Sie empfehlen. Auf YouTube kann man Sie einmal mit Mimik, Intonation und sonstiger Körpersprache, sprich „bewegt" wahrnehmen. Dabei entsteht womöglich ein ganz neuer Eindruck. Und auf sonstigen Medien wie Twitter oder einer Facebook-Seite haben Sie die Gelegenheit, sich zu spezifischen Kompetenzen detailliert zu äußern.

Hier sind wir bereits bei einem wichtigen Punkt. EIN Medium sollten Sie für die Vermittlung EINER bestimmten Kompetenz einsetzen – und nicht „das Gleiche auf sämtlichen Kanälen senden". Mit einigen Vorurteilen möchte ich gern aufräumen; andere Bedenken sollten Sie durchaus ernst nehmen:

- Sind diese Aktivitäten kostenpflichtig?

Die Antwort lautet: Nein. Allerhöchstens wird eine einmalige oder – für Premium-Mitgliedschaften – eine niedrige monatliche Gebühr fällig. In manchen Fällen können Sie Ihre Beiträge bewerben und diese einem größeren Publikum zugänglich machen.

- Benötige ich technische Kompetenzen?

  Nein, so wie Sie Internetseiten aufrufen und E-Mails versenden können, sind Sie auch in der Lage, sich in den erwähnten sozialen Medien zu bewegen.

- Ich bin stolz darauf, digital gerade NICHT auffindbar zu sein ...

  Die Meinungen gehen hier auseinander. Möglicherweise haben Sie einen „Internetauftritt" nie benötigt. Das muss sich in Zukunft auch nicht ändern. Es ist jedoch offensichtlich, so wie eine Papierbewerbung aussterben und von einem digitalen Pendant abgelöst wird, dass jemand, der behauptet, Bedeutendes geleistet zu haben, künftig im Internet auffindbar ist.

- Muss ich eine Affinität zu diesen Medien vorweisen?

  Zumindest ist es hilfreich, wenn Sie keine große Abneigung dagegen verspüren.

- Mit welchem Zeitaufwand muss ich rechnen?

  Es wäre schon gut, wenn Sie – pro Medium – zweimal im Monat mit irgendeiner Äußerung sichtbar werden. Sie sollten vielleicht eine halbe bis eine Stunde pro Woche einplanen.

- Soll ich einfach mal „loslegen" und schauen, wo ich lande?

  Ja und nein. Sie können sich diese Welt nicht erdenken. So ist es gut, wenn Sie mit einem Medium anfangen, das Ihnen gefällt. Sind Sie mit der Handhabung zufrieden und mit den Ergebnissen glücklich, können Sie auf ein nächstes Medium erweitern.

  Gleichwohl sollten Sie im Vorfeld ein Konzept erstellen. Vielleicht sind Sie Vertriebsleiter für Pumpen mit Schwerpunkt in der Ölindustrie. Ihr Konzept könnte lauten (dazu gleich mehr), dass Sie auf Twitter zweimal pro Monat Artikel zum Thema „Vertrieb" posten. Auf einer Facebook-Seite äußern Sie sich zum Thema „Pumpen" im Allgemeinen. Und als Sie vor einiger Zeit als Keynote-Speaker während einer Konferenz in Dallas waren, wurde ein Mitschnitt von Ihnen erstellt. Dieses Kursvideo haben Sie auf YouTube hochgeladen.

- Sollte es mir minimal Spaß machen, Beiträge zu verfassen?

  Ja, das wäre durchaus eine Notwendigkeit. Sie sollten interessiert sein, Zeit im Internet zu verbringen, etwa auf Nachrichten-Seiten „unterwegs" zu sein oder zur Vertiefung Ihrer Fachkompetenz. Es sollte Ihnen Spaß machen, Ihr Wissen und Ihre Ansichten zu teilen und weiterzugeben.

4

LinkedIn

Dieses Netzwerk steht in direktem Wettbewerb zu XING, allerdings mehr im angelsächsischen Sprachraum. Die Funktionalität wird von vielen als etwas eingeschränkter empfunden als bei XING, die Kosten für vergleichbare Funktionalitäten sind etwas höher. Wer allerdings von internationalen Headhuntern und Unternehmen angesprochen werden möchte, kann ein LinkedIn-Profil erstellen und die Kosten für denjenigen Account wählen, der den Anforderungen entspricht.

Was ist besonders zu beachten? Nicht jeder kann jeden anschreiben. Man kann nur in Verbindung treten mit Personen, mit denen man verbunden ist (deren Kontaktanfragen man bestätigt hat). So kann es sein, dass Sie hier eher dazu tendieren, eine Kontaktanfrage von einem interessanten Mitglied anzunehmen, auch wenn Sie diese Person persönlich nicht kennen. Darüber hinaus macht es Sinn, Ihre Kontaktdaten in der „Summary" zu erwähnen, damit Sie auch Nachrichten erhalten können, wenn jemand nicht mit Ihnen vernetzt ist.

LinkedIn bietet außerdem – und anders als XING – die Option der „Endorsements" an. Das bedeutet, andere Mitglieder, mit denen Sie verbunden sind, werden eingeladen, Ihre Kompetenzen zu bestätigen. Das sieht optisch schön aus und bewirkt, dass Ihre Skills als glaubwürdig empfunden werden.

Twitter

Dabei handelt es sich um ein äußerst einfaches Medium, das Sie gewiss nicht viel Zeit kosten wird. Zunächst richten Sie Ihr Profil ein. Hier können Sie Leistungsaussagen zu einer gewissen Kompetenz machen. Und schon kann es losgehen. Sie haben lediglich 140 Zeichen zur Verfügung, um etwas mitzuteilen (das ist weniger als eine herkömmliche SMS von 160 Zeichen). Jedoch können sie zusätzlich einen Link mitsenden und ggf. ein Bild. So bietet sich Twitter vor allem an, um auf interessante Artikel im Internet hinzuweisen. Ein Außenstehender nimmt dann Ihr Interesse, Ihre Expertise sowie Ihre Fachkompetenz auf diesem Gebiet wahr.

Sie können anderen Twitter-Mitgliedern folgen, was etwas über Ihre Interessen aussagt. Und umgekehrt folgen andere auch Ihnen – was

4

zeigt, dass Sie offensichtlich interessante Inhalte bieten. Außerdem haben Sie über Twitter die Möglichkeit, anderen Mitgliedern Direktnachrichten zukommen zu lassen. Wenn Sie Barack Obama folgen, können Sie ihm eine Botschaft zusenden. Wo sonst bietet sich eine solche Gelegenheit? Und – dies gilt im Übrigen für alle Medien, die ich aufliste – Sie werden in den Top 10 angezeigt, wenn man im Internet nach Ihrem Namen sucht.

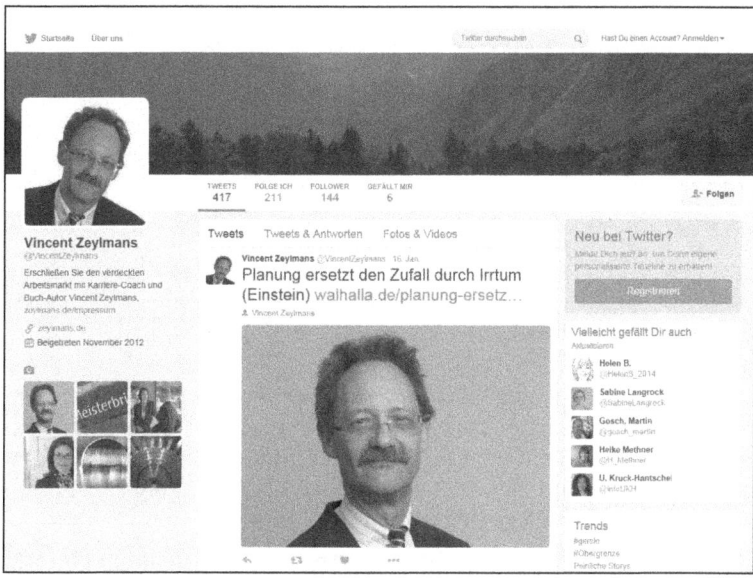

Quelle: www.twitter.com

Facebook-Seite

Verwechseln Sie eine Facebook-Seite bitte nicht mit einem persönlichen Facebook-Account. Der Unterschied zeigt sich bereits bei der Erstellung Ihres Facebook-Kontos.

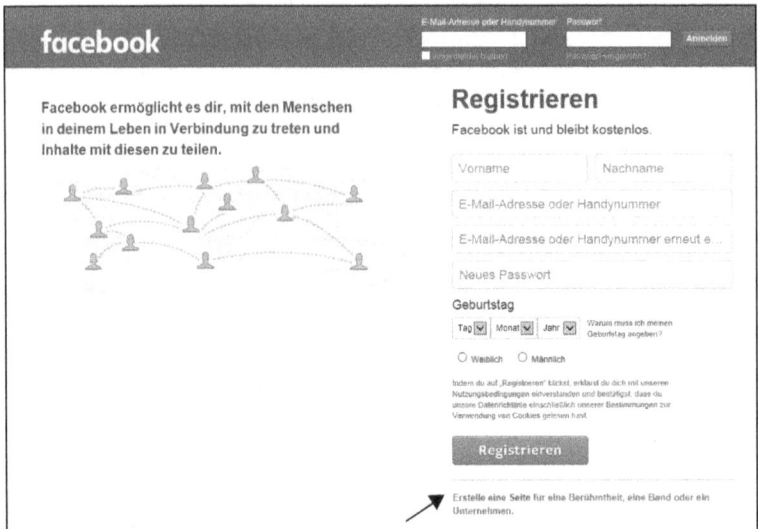

4 *Quelle:* www.facebook.com

Während es bei einem persönlichen Facebook-Konto eher darum geht, mit Freunden in Verbindung zu bleiben, ist eine Facebook-Seite dazu da, um mit der (auch unbekannten) Außenwelt in Verbindung zu treten und zu kommunizieren. Sie treten in die Fußstapfen von *Lufthansa*, von *Siemens* oder *Audi*.

Auch hier ist nach Einrichtung der Seite das Füllen denkbar einfach. Ähnlich wie bei Twitter fallen Ihnen interessante Artikel auf. Bitte wählen Sie aber eine andere Kompetenz oder ein anderes Thema, das Sie in den Mittelpunkt stellen möchten. Wenn Sie die Browseradresse des Artikels kopieren, den Sie weitergeben möchten, scheinen bereits die ersten Zeilen auf, inklusive Bild. Vom Layout sieht dies ganz professionell und attraktiv aus, quasi wie eine eigene Website. Den Artikel können sie noch kurz kommentieren. Natürlich haben Sie auch die Möglichkeit, längere Texte zu verfassen, ggf. ohne Hinweis auf einen anderen Artikel. Es steht Ihnen zudem frei, ob Sie es Lesern erlauben, Ihre Beiträge zu kommentieren.

Es kann passieren, dass andere Facebook-Mitglieder Ihre Artikel derart interessant finden, dass sie über Neu-Einträge informiert werden möchten. Sie werden Ihre Seite dann „liken". Dies ist sichtbar – und somit weist eine Facebook-Seite auch in verschiedener Hinsicht auf

Ihre Kompetenzen hin. Einmal aufgrund dessen, was Sie schreiben. Zweitens zeigt natürlich auch die Anzahl der „Likes", dass Sie offensichtlich etwas zu sagen haben.

Quelle: www.facebook.com

YouTube

Unsere Wahrnehmung von anderen Personen erfolgt in der Kommunikation zu 55 Prozent über die Körpersprache, zu 38 Prozent über die Intonation und zu 7 Prozent über den Inhalt (Albert Mehrabian). Bei einer PDF-Datei, einer Papierbewerbung oder einem Eintrag bei einem Online-Portal entfallen demnach wesentliche Elemente. Es entsteht ein erster Eindruck aufgrund unseres Bildes, aber diese Wahrnehmung kann abgerundet werden, wenn potenzielle Arbeitgeber oder Headhunter uns auf einem Video sehen können.

Vielleicht gibt es von Ihnen einen Mitschnitt von einem Auftritt. Wenn nicht, ist es denkbar einfach, dass Sie mit einem Smartphone oder einen Camcorder eine Aufnahme von sich machen. Natürlich stellt sich hier die Frage, was Sie dann erzählen werden. Nun, einmal können Sie etwas kundtun über Ihre Fachkompetenz (im obigen Beispiel, wenn Sie Vertriebsspezialist für Pumpen in Ölförderländern sind, könnten Sie etwa erläutern, wie der Ölpreis zustande kommt, und ebenso Ihre Prognose für dessen Entwicklung). Beachten Sie: Drei kurze Videos von jeweils 1,5 bis 3 Minuten sind besser als ein Video, das 10 Minuten dauert.

Selbstverständlich können Sie auch ganz offen mit Ihrer Bewerbungssituation umgehen und einen sogenannten Elevator-Speech von sich geben. Frei nach dem Motto: Ein CEO fragt Sie im Erdgeschoss, was Sie machen, und Sie haben 40 Sekunden – bis zum 45. Stock – Zeit, ihm dies zu erläutern. Natürlich verlangt es Übung, damit Sie in der Lage sind, innerhalb kurzer Zeit kundzutun, welchen Nutzen (Ausbildung, funktionale Spezialisierung, Branchenkenntnisse, Erfolge, Persönlichkeit) Sie einem Unternehmen bringen.

Auch YouTube wird zwingend ganz oben angezeigt, wenn Ihr Namen gegoogelt wird – allein schon deshalb, da YouTube zum Google-Konzern gehört.

Quelle: www.youtube.com

Weitere Möglichkeiten, auf sich aufmerksam zu machen

Wenn Sie ein Profil bei XING und LinkedIn angelegt haben – und dazu noch auf Twitter und Facebook Aktivitäten entwickeln, sind Sie gut aufgestellt. Vielleicht kommen Sie auf den Geschmack und fragen sich, welche Möglichkeiten es darüber hinaus gibt, auf sich aufmerksam zu machen. Im Folgenden möchte ich Ihnen noch einige kurze Anregungen geben für den Fall, dass Sie Gefallen am Aufbau Ihrer digitalen Reputation gefunden haben.

Blog

Hat es Ihnen Spaß gemacht, Beiträge zu verfassen? Sehen Sie noch weitere Kompetenzbereiche, mit denen Sie sich profilieren möchten? Dann fangen Sie doch einen Blog an. Führend ist derzeit der Anbieter Wordpress. Schon mit wenigen Klicks gehören Sie bald zur Gemeinde der Blogger.

Website

4

Der Königsweg schlechthin. Solange Sie auf Plattformen von Drittfirmen unterwegs sind, haben Sie natürlich nur eine begrenzte Sicherheit. Facebook kann die Benutzerbedingungen ändern und hat dies in der Vergangenheit auch häufig gemacht. Twitter könnte Ihre Beiträge, die zu alt sind, löschen. Und Wordpress könnte Nutzungsgebühren anpassen oder die Optik ändern. Entscheiden Sie sich für eine eigene Website, sind Sie „unabhängig". Auch können Sie den Namen der Website selbst festlegen. Vorname und Nachname? Kombiniert mit Ihren Kompetenzen? Nur Sie entscheiden über Optik, Inhalt und Dauer der Auffindbarkeit.

Viele sehen eine Website als „Cockpit" oder „Steuerungszentrale" ihrer sonstigen Tätigkeiten. Hier können Sie sich darstellen, wie Sie möchten. Dazu hatten Sie bisher kaum die Gelegenheit. Weder bei Facebook noch bei XING. Vielleicht beim Portfolio von XING – aber dies ist meist im Hintergrund geschaltet. Es erübrigt sich zu sagen, dass Ihre Website an allererster Stelle gezeigt wird, wenn Ihr Name gegoogelt wird.

Buch

Sie haben noch immer nicht genug? Dann verfassen Sie ein Buch. Das meine ich ganz ernst. War dies früher ein Ding der Unmöglichkeit, ist diese Option heute zum Greifen nah. Wir kennen noch alle die Geschichten, dass Joanne K. Rowling, Sozialhilfeempfängerin, bei 30 Verlagen vorgesprochen hatte, bevor einer bereit war, *Harry Potter* zu verlegen. Diese Zeiten sind heute vorbei. Jeder, der ein Buch veröffentlichen möchte, kann dies tun. Sie verfassen ein Manuskript und laden es beispielsweise bei Books on Demand (www.bod.de) hoch. Klar, Sie haben keinen Lektor, der Korrektur liest. Und keiner macht den Vertrieb für Sie. Aber Sie können ein Buch mit dem Titel gestalten (inkl. Bilder), wie Sie sich dieses wünschen. Bezahlt wird der Preis, den Sie festgelegt haben. Eine Mindestmenge gibt es nicht. Wenn Sie Ihr Buch noch mit einer ISBN-Nummer versehen wollen, zahlen Sie ein kleines Geld (weniger als 50 Euro) und schon kann Ihr Buch bei jeder Buchhandlung und über Amazon bezogen werden.

Auch dies ist natürlich eine hervorragende Möglichkeit, Ihre Fachkompetenz sichtbar zu machen. Und ... Sie werden erstaunt sein, wenn bei Ihrem Namen nun plötzlich mehrere Hundert Einträge aufscheinen von all den Buchhandlungen, bei denen man Ihr Buch bestellen kann. Sollte es im Internet einen Eintrag gegeben haben, der Ihnen nicht gefallen hat, ist dieser nun mit Sicherheit auf Seite 38 verbannt.

Schreiben ist nicht Ihre Sache? Sie haben aber die Idee? Dann arbeiten Sie doch mit einem Ghostwriter. Sie erzählen Ihre Geschichte – um alles Weitere kümmert sich der Ghostwriter, der über die entsprechenden Fähigkeiten verfügt, um Ihrem Inhalt den nötigen Pfiff zu verleihen.

Bewerber-Seiten

Wenn Ihnen das immer noch nicht reicht und Sie offen mit Ihrer Bewerbung umgehen wollen, können Sie Ihr Leben bzw. Ihren Lebenslauf auf unterschiedlich kreative Weise im Internet darstellen:

- www.aboutme.com
- www.beyond.com
- www.careercloud.de

- www.kinzaa.com

- www.resumup.com

- www.re.vu

- www.visualcv.com

Stellensuchanzeigen

In meiner Einleitung habe ich bereits von meinen Erfahrungen mit Stellensuchanzeigen berichtet. Heute ist eine Response-Quote von 70 Rückmeldungen kaum realistisch. Dennoch soll diese Option bei Ihrer Bewerbungsstrategie berücksichtigt werden.

Traditionell waren die Stellensuchanzeigen (bis vor einigen Jahren immer mittwochs) eine in der *FAZ* flankierende „Pflichtlektüre" für Personalberater. Top Executive Search Consultants haben meist die eigenen Research-Abteilungen beauftragt, eine Marktanalyse vorzunehmen und geeignete Kandidaten auf dem Arbeitsmarkt zu identifizieren.

4

Dennoch, eine große Anzahl – auch renommierter – Personalberater nehmen zumindest die (mittlerweile) Samstagszeitung für einen Abgleich der Profile mit den Suchaufträgen zur Hand.

Beispiel:

Persönlich wurde ich auf meine *FAZ*-Anzeige von einem Beratungsunternehmen eingeladen, das sich als „Boutique" betrachtete und im Frankfurter Messeturm residierte. Ich hatte das Glück, noch einen „Grandseigneur" der alten Schule zu treffen. Wir waren in einem Traditionshotel verabredet, in dem er mir seinen Auftraggeber beschrieb.

Als ihm klar wurde, dass mein Profil passen könnte, wurde die Strategie beim Unternehmen besprochen. Es gab eine Rollenklärung, wie er mich einführen würde, und – es war ihm sichtlich etwas peinlich – ich sollte nicht unbedingt erwähnen, wie wir zusammengefunden hätten. Beim Kunden sollte offensichtlich der Nimbus vorherrschen, der Headhunter hätte für sein Honorar den Markt erforscht und mich ausfindig gemacht. Eine simple Reaktion auf meine *FAZ*-Anzeige wäre wohl zu trivial.

Von diesem Executive Search Consultant habe ich übrigens viel lernen können. Da sein Ruf mit meinem Auftritt verbunden war, haben wir einmal „durchgespielt", wie ich mich präsentieren sollte.

Er wies mich darauf hin, dass ich irgendwann während des Vorstellungsgesprächs, das er steuernd begleiten würde, einmal ca. zehn Minuten bekäme, um meinen Werdegang zu erzählen. Wenn ich erst in diesem Moment darüber nachdenken würde, was ich sage könnte, hätte ich verloren – so seine Meinung. Er hörte sich meine Geschichte an und gab mir aus seiner Sicht wichtige Hinweise zu meiner Selbstdarstellung.

Entweder geben Sie Ihre Anzeige telefonisch auf, per E-Mail oder aber in detaillierterer Form. Wenn Sie rechtzeitig mit dem Verlag in Verbindung treten, haben Sie Einfluss – wenn gewünscht – auf die Schriftart, Gestaltung, Stilelemente. Sie könnten sich zum Beispiel für weiße Buchstaben auf schwarzem Hintergrund entscheiden – oder gar Ihre Anzeige im Querformat erscheinen lassen (womit ich sagen möchte, dass Ihrer Kreativität keine Grenzen gesetzt sind).

4

Das Problem: Viele Bewerber gestalten zum ersten Mal eine Stellensuchanzeige. Die Gefahr dabei: Sie sehen sich an, wie es wohl andere machen – und wiederholen die gleichen Fehler.

Gelegentlich schaltet die ZAV (mehr dazu im nächsten Kapitel) eine Anzeige für Kandidaten, die sie betreut. Da diese Institution über eine große Erfahrung verfügt, welche Angaben von Bedeutung sind, können Sie eine solche Anzeige als Benchmark für Ihren Entwurf ansehen.

Überprüfen Sie, ob folgende Angaben aus Ihrer Anzeige ersichtlich sind:

- präzises Profil

- Berufsbezeichnung

- Alter

- Branchenerfahrung

- Fachkompetenz

- herausragende Kenntnisse

- Kennzahlen

- ggf. herausragende Leistungen

- persönliche Kompetenzen

Der häufigste Fehler, der dabei begangen wird, besteht darin, kein klares Profil zu erstellen. Der Geschäftsführer, der keine Chance verpassen möchte, vermeldet weder Branchenkenntnisse noch Alter und schon gar keine besonderen Fachkompetenzen. Indem er alle Türen offenlässt, erhält er aber erst gar keine Rückmeldung. Berater und Unternehmen haben Besseres zu tun, als in einem mühseligen Verfahren herauszufinden, wo die Schwerpunkte im Werdegang des Inserenten liegen.

Es reicht völlig, wenn die Anzeige eine Spalte ausfüllt. Sie zahlen dann ca. 150 Euro. Über zwei oder gar drei Spalten wird Ihre Anzeige wesentlich teurer, ohne dass eine deutlich bessere Rückmeldungsquote bemerkbar würde.

Auch wenn Sie sich für die Bekanntgabe Ihrer Kontaktdaten entscheiden, ist die Aufgabe der Anzeige unter Chiffre der diskretere und professionellere Weg.

4

Meistens erhalten Sie recht zügig ein Kuvert mit einer größeren Anzahl an Rückmeldungen. Freuen Sie sich nicht zu früh, wenn dieser „dicke Umschlag" eintrifft. Hierbei handelt es sich fast ausschließlich um solche Antworten, die bereits „vorbereitet" waren und allen Inserenten zugesandt werden. Entweder sind dies standardisierte Angebote von Vertriebsorganisationen, die mit Ihrer Anzeige nichts gemein haben. Auch erhalten Sie Mitleidsbekundungen und Aussagen von Coaching-Büros, dass Ihre Art der Selbstdarstellung wahrscheinlich nicht von Erfolg gekrönt sein wird. Daraufhin werden Ihnen dann Hilfestellungen angeboten. Wer Kontakt aufnimmt, stellt fest, dass es sich hier um Dienstleistungen handelt, die zwischen 4.000 und 8.000 Euro kosten (Sie können jederzeit noch mehr Geld ausgeben ...). Diese weniger seriösen Angebote sind auch dadurch zu erkennen, dass die Umschläge nicht mit einer Briefmarke versehen sind. Alle Kuverts dieser Organisationen werden in einem großen Kuvert unfrankiert an die *FAZ* zur Weiterleitung verschickt.

Einige Tage später aber kommen die wertvollen Zuschriften. Der Headhunter hat Ihr Profil mit seinen Mandantenaufträgen abgestimmt und sich entschieden, Sie zu kontaktieren. Möglicherweise wollte er auch nicht zwischen den vielen „Sofort-Rückmeldungen" versickern. Diese Briefe sind meist mit einer eigenen Briefmarke versehen. Nun gilt es, „hellhörig" zu sein und gerade diesen Zuschriften eine sehr qualifizierte Rückmeldung zukommen zu lassen – gern auch in Papierform.

Dieses Medium eignet sich für die überregionale Suche am besten. Es wäre schon ein sehr großer Zufall, wenn der passende Job gerade im Großraum Berlin, im Rhein-Main-Gebiet oder an der Weinstraße angeboten wird. Wenn Sie sich selbst noch nicht so ganz im Klaren darüber sind, wo Sie arbeiten möchten, können Sie natürlich „Ruhrgebiet bevorzugt" in Ihrer Anzeige schreiben.

Anfangs hatte ich es noch für möglich gehalten, dass ich Einladungen von Headhuntern „auf gut Glück" erhalten würde. Sprich: „Ein solches Profil wird immer wieder gesucht – schreiben wir den mal an!" In der Praxis stellte ich fest, dass Personalberater die Profile mit den ihnen im Augenblick vorliegenden Suchaufträgen aber sehr pragmatisch vergleichen.

Ich wurde eines Besseren belehrt, als die *FAZ* eine Anzeige von mir irrtümlicherweise mit einem Abstand von drei Wochen zweimal geschaltet hatte. Zu meinem großen Staunen erhielt ich (noch) sechs qualifizierte Rückmeldungen, die ich drei Wochen zuvor nicht bekommen hatte. Es handelte sich um Personalberater, die sich in erster Instanz nicht gemeldet hatten – aber in der Zwischenzeit eine Anfrage bearbeiteten, für die mein Profil interessant geworden war.

Es kann noch die Frage aufkommen, warum ich hier lediglich von der *FAZ* rede. Die Vormachtstellung der *Frankfurter Allgemeinen Zeitung* auf diesem Gebiet ist schlichtweg historisch gewachsen. Ich habe einmal an ein und demselben Tag eine identische Anzeige zusätzlich in einer anderen überregional konkurrierenden Zeitung veröffentlicht. Die Anzahl der Zuschriften über die *FAZ* war mit Abstand größer. Auch Stellensuchanzeigen im *Hamburger Abendblatt*, der *Stuttgarter Zeitung*, der *Berliner Morgenpost* oder den *Ruhr-Nachrichten* sind nur dann sinnvoll, wenn Sie in diesen Städten arbeiten wollen. Die Anzahl der Rückmeldungen hält sich jedoch sehr in Grenzen.

Ich schließe dieses Thema mit einem Hinweis auf die optimalen Monate für eine Stellensuchanzeige ab. Diese Erkenntnis kann auch grundsätzlich auf das Erarbeiten einer Bewerbungsstrategie übertragen werden. Es gibt Monate, die eher ungünstig für eine Anzeige sind. Es handelt sich um folgende Monate:

- Juli und August

- Dezember und Januar

In diesem Zeitraum machen die Headhunter (aber auch die Personaler in den Unternehmen) Ferien oder sind mit dem Jahresabschluss, dem Budget oder der Planung des Urlaubs beschäftigt.

Optimal für die Aufgabe einer Anzeige sind dagegen die Monate

- Februar und März sowie

- September und Oktober.

Die „Löcher" in der Mitarbeiterschaft, die in den Sommerferien oder am Jahresende geschlagen wurden, müssen wieder aufgefüllt werden. Die Headhunter sind zurück, die Personaler ebenfalls. In dieser Zeit werden wieder Rekrutierungsmaßnahmen vorgenommen, da die Entscheidungsträger davon ausgehen, dass auch die potenziellen Kandidaten wieder aus dem Urlaub heimgekehrt sind.

So bleiben die Monate April, Mai, Juni sowie November übrig als Zeiträume, die ebenfalls nicht als optimal für etwaige Bewerbungsaktivitäten angesehen werden können. Der April eignet sich noch ganz gut – im Mai, Juni und November allerdings sind die Arbeitgeber vielfach mit anderen Dingen beschäftigt.

4

So kann ich auch nicht dazu raten, Headhunter oder Personalleiter initiativ in den Sommerferien anzuschreiben. Selbstverständlich können Sie jedoch auch während der Sommerzeit und über den Jahreswechsel Ihr Profil bei Jobbörsen oder XING hinterlegen.

Manche nutzen die Sommermonate zur Recherche und Vorbereitung. Namen von Ansprechpartnern können ausfindig gemacht werden. Und Sie wären nicht der Erste, der im Juli und August bereits Papierbewerbungen kuvertiert mit einem Anschreiben, das auf September vordatiert ist. So wird die „Offensive" sichtbar. Sie haben vielleicht vier Stapel vorbereitet mit jeweils zehn oder gar 15 Bewerbungen. Diese wollen Sie im Abstand von einer Woche versenden. So haben Sie jeweils logistischen „Nachschub" und „überschwemmen" den Arbeitsmarkt in einem Monat mit 60 Bewerbungen. Dies tun Sie zu Ihrem eigenen Schutz. Wenn Sie 60 Bewerbungen auf einmal in den Briefkasten werfen, wird es vielleicht schwierig, den Überblick zu behalten oder auch die Einladungen und den damit verbunden Aufwand zu koordinieren.

ZAV

Vielen Führungskräften und Fachspezialisten ist die ZAV in Bonn nicht geläufig. Sie steht für „Zentrale Auslands- und Fachvermittlung". Es handelt sich um eine der Agentur für Arbeit zugeordnete, eigene Organisation mit verschiedenen Fachbereichen wie folgt:

- Managementvermittlung

- Auslandsvermittlung

- Künstlervermittlung

- Internationale Organisationen

- Internationale Entwicklungszusammenarbeit

Wir werden uns anschließend noch die Auslandsvermittlung ansehen. An dieser Stelle bleiben wir aber vorerst bei der Managementvermittlung. Das primäre Ziel der Management-Vermittlung ist es, Bedürfnisse zweier unterschiedlicher Zielgruppen zusammenzubringen:

- Arbeitgeber, die eine qualifizierte Stelle neu zu besetzen haben

- Arbeitnehmer, die einen Wechsel anvisieren

Doch worin liegt der Vorteil für Arbeitgeber, wenn man sich an die ZAV wenden möchte? Zum einen hat die ZAV dafür gesorgt, dass Arbeitgeber für ihren Austausch auf Augenhöhe mit Mitarbeitern der Managementvermittlung sprechen können. In Bonn sind zwischen 20 und 30 Personen beschäftigt, die überwiegend selbst aus der Wirtschaft stammen und somit wissen, wie die Anforderungen aussehen. Weiterhin sind mit der Vermittlung durch die ZAV keine Kosten – weder für den Arbeitgeber noch den Arbeitnehmer – verbunden. „Diese werden aus den (Unternehmens-)Steuern gedeckt", betont die ZAV.

Wo liegt dann der Unterschied zum herkömmlichen Ablauf, sprich: Was spricht dagegen, den Bedarf einfach der örtlichen Agentur für Arbeit zu übergeben? Selbstverständlich sind die Dienstleistungen der örtlichen Beratungsstellen von der Qualität her unterschiedlich. Auf alle Fälle ist es bei der Management-Vermittlung nicht so, dass der Bedarf einfach „in ein System eingespeist" wird, sondern ein qualifizierter Berater kümmert sich persönlich um Ihr Anliegen. Oder gemäß den eigenen Worten der ZAV:

Unsere Stärken:

- Die Beraterinnen und Berater der ZAV-Managementvermittlung kommen zumeist selbst aus den Führungsetagen der Wirtschaft. Sie wissen aus eigener Erfahrung, worauf es bei der Suche nach Führungskräften ankommt.

- Der umfangreiche Bewerber- und Stellenpool ermöglicht es uns, schnell und zielgerichtet Suchaufträge auszuführen.

- Durch ihren öffentlich-rechtlichen Status arbeitet die ZAV-Managementvermittlung unabhängig und honorarfrei.

- Unsere Mandanten kommen sowohl aus dem Konzernbereich als auch aus dem Bereich des Mittelstandes.

Zur Zielgruppe auf Arbeitnehmerseite gehören laut Managementvermittlung:

- Vorstände, Geschäftsführer, Direktoren

- Bereichs-, Hauptabteilungs-, Abteilungsleiter

- Werks- und Betriebsleiter

- Leitende Stabskräfte

Die Kriterien dafür scheinen in gewissem Maße auch dem Ermessen der betreuenden Mitarbeiter zu unterliegen. Viele meiner Klienten haben den Kontakt zur ZAV aufgenommen und wurden aufgrund des Lebenslaufs ganz selbstverständlich betreut. Bei anderen war man kritischer und hat sich zum Beispiel nach dem Jahresgehalt erkundigt (dieses sollte dann lt. Aussage minimal bei 65.000 Euro liegen). An anderer Stelle wurde ein Interim-Manager nicht betreut, da er – obwohl in leitender Stellung mit großer Mitarbeiterverantwortung – im Sinne der ZAV wegen seines Status „Interim-Manager" nicht als „Führungskraft" eingestuft worden war.

Offensichtlich nimmt die ZAV keine Direktsuche vor. Entweder verfügt sie über entsprechende Kandidaten oder sie kann Unternehmen nicht helfen. Umgekehrt ist es natürlich genauso. Schauen wir uns das Verfahren noch einmal etwas genauer an:

Aus Sicht der Management-Vermittlung verläuft der eigentliche Weg zur ZAV über die örtliche Agentur für Arbeit. Die entsprechenden Mitarbeiter sollten die geeigneten Kandidaten auf die Dienstleistungen der ZAV aufmerksam machen. Dies geschieht nicht immer – und so ist es auch möglich, dass Bewerber selbst mit der ZAV in Verbindung treten. Der erste Schritt vollzieht sich meist am Telefon:

Bundesagentur für Arbeit
Zentrale Auslands- und Fachvermittlung (ZAV)
Managementvermittlung
Villemombler Str. 76, 53123 Bonn
Telefon: 0228/713-1286
E-Mail: zav-bonn.mv212@arbeitsagentur.de
Internet: www.arbeitsagentur.de → Über uns → Weitere Dienststellen → Zentrale Auslands- und Fachvermittlung

Sie landen dann bei einer Art Callcenter, wo man Sie an einen Berater weiterleitet, der Sie aufgrund Ihres Fachgebietes (z. B. Industrie, Handel, Dienstleistungen) betreuen wird.

An dieser Stelle möchte ich darauf hinweisen, dass die initiative Kontaktaufnahme auch deshalb möglich ist, da man für eine Betreuung und Beratung nicht arbeitslos sein muss. Ebenso wenig muss eine bedrohliche Situation vorliegen. Man kann sich aus einem bestehenden Arbeitsverhältnis heraus bei der Managementvermittlung melden. Es ist aber klar, dass die ZAV einem Arbeitgeber – bei gleicher Qualifikation – bevorzugt Kandidaten vorschlagen wird, die derzeit nicht in einem Beschäftigungsverhältnis stehen.

Damit Sie aber im System „geführt" werden können, müssen einige Formalitäten erfolgen. Sie werden aufgefordert, ein entsprechendes Formular auszufüllen. Auch möglich ist ein persönliches Beratungsgespräch mit Ihrem Berater. Dieser Service wird auch auf der Website angeboten:

Wir bieten Ihnen:

- Hilfe bei der Optimierung Ihrer Bewerbungsstrategie
- Individuelle Unterstützung bei der Suche und Auswahl freier Positionen
- Zeitnahe Präsentation Ihrer Unterlagen bei passenden Arbeitgebern
- Informationen über aktuelle Tendenzen auf dem Arbeitsmarkt
- Begleitung bei Ihrer Karriereplanung
- Erschließung des für Sie relevanten verdeckten Stellenmarktes

Ich kenne mehrere Personen, die ein individuelles Beratungsgespräch vereinbart haben. Im Schnitt hat sich der Berater drei Stunden Zeit genommen. Alle Bewerber waren überrascht von der Kompetenz bezüglich der Einschätzung der Marktes, der Kommentare zum Profil der Kandidaten sowie der sinnvollen Bemerkungen zur Qualität der Bewerbungsunterlagen.

Was kann man nun konkret von der ZAV erwarten? Dieses hängt natürlich von der Arbeitsmarktlage und dem eigenen Profil ab. In dem Seminar „Job-Hunting" in Düsseldorf berichtete ein Ingenieur, der mit dem Gedanken spielte, den Job zu wechseln, mehrmals monatlich Angebote von der ZAV erhalten zu haben.

Ist das Profil sehr spezifisch, kann es sein, dass der ZAV keine Suchaufträge vorliegen. In diesem Fall betreut die Managementvermittlung einen Bewerber noch aktiv ca. sechs Monate. Dann wird aber mitgeteilt, dass die Institution keine Möglichkeit zu einer Vermittlung sieht.

Beispiel:

Ein Unternehmen aus der Stahlbranche suchte für die Geschäftsleitung seiner belgischen Tochtergesellschaft einen französischsprachigen Geschäftsführer. Das (nicht ganz einfache) Profil wurde genau definiert. Die ZAV schlug drei Kandidaten vor, die alle den Anforderungen entsprachen. Ein Kandidat wurde angestellt.

Auch für 50plus Kandidaten ist die ZAV besonders interessant. 30 Prozent aller Personen, die vermittelt werden, haben dieses Alter bereits überschritten. Auch die Gehälter überraschen möglicherweise: 30 Prozent wiederum liegen im sechsstelligen Bereich und immerhin weitere 35 Prozent zwischen 75.000 und 100.000 Euro pro Jahr.

AKP

An dieser Stelle soll noch das AKP (Anonymes Kurzprofil) erwähnt werden. Hierbei handelt es sich um eine weitere Dienstleistung, welche die Managementvermittlung auf Wunsch des Kandidaten erbringt. Das Kandidatenprofil wird anonymisiert und Wunscharbeitgebern, die der Bewerber der ZAV zuvor nennt, zugesandt. Es handelt sich somit um eine „Initiativbewerbung", die aber in einem

„offiziellen Umschlag" der ZAV beim Arbeitgeber landet. Darin wird die von der ZAV betreute Person mit dem Hinweis, dass diese gern für dieses Unternehmen tätig werden würde, beschrieben.

Interim-Management

Auch wenn wir dieses Thema noch gesondert behandeln werden, sei bereits an dieser Stelle gesagt, dass die ZAV ferner Interim-Manager vermittelt. Die letzten Zahlen liegen bei ca. 10 Prozent aller Vermittlungen, Tendenz steigend.

Beispiel:

Der geschäftsführende Gesellschafter eines kleinen Maschinenbau-Unternehmens in zweiter Generation am Niederrhein entschied mit Anfang 30, sein Studium nachzuholen. Diese Absicht würde ihn für einen geschätzten Zeitraum von vier Jahren aus der Geschäftsleitung reißen. Er bliebe dem Unternehmen verbunden, allerdings wäre er lediglich in der Lage, operative Aktivitäten auf Sparflamme wahrzunehmen. Er entschied sich für eine Kontaktaufnahme zur ZAV und sandte ein Anforderungsprofil ein. Er erhielt wenige, aber passgenaue Angebote. Beim ersten Kandidaten stimmte die Chemie nicht. Der zweite Kandidat stieg mit Anfang 50 ein. Der Zeitraum von vier Jahren war für einen Interim-Auftrag ungewöhnlich lang. Der Interim-Manager konnte in seine Heimatgegend zurückkehren und machte gewisse Abstriche bei der üblichen Vergütung. Sollte der Inhaber wieder zu seiner ursprünglichen Funktion zurückkehren, sind alle Optionen offen. Möglicherweise bleibt der Interim-Manager dem Unternehmen auch weiterhin erhalten.

Restrukturierung

So wie die ZAV Personen und Unternehmen unterstützt, die sich in einer Umbruchsituation befinden, war auch die Managementvermittlung selbst von vielen Änderungen betroffen. Langjährige Mitarbeiter bedauern den Verlust einer eigenen Identität, die aktuell mehr in die der Arbeitsagentur integriert ist. Bis vor wenigen Jahren gab es die herausragende Zeitschrift *Markt und Chance*, welche in dieser Form nicht weiter fortgeführt wurde. Man übertrug sie in eine digitale Fassung, bei der es sich allerdings schwerpunktmäßig um Stellenanzeigen und Profildarstellungen handelt. Auch stand der Managementvermittlung früher ein eigenes Budget für die Veröffentlichung von Stellensuchanzeigen in der FAZ zur Verfügung, das inzwischen gänzlich eingestellt wurde.

Zusammenfassung

Die ZAV ist beim Erschließen des verdeckten Arbeitsmarktes ein Baustein, der berücksichtigt werden kann. Die Registrierung ist mit Aufwand verbunden. Für ein persönliches Gespräch muss wahrscheinlich gar Reisezeit eingeplant werden. Wenn es aber „passend" ist und Sie im Vorfeld ein gutes Gefühl bei Ihrem Betreuer haben, sollten Sie diese Option parallel „mitlaufen" lassen. Es werden knapp 2.000 Personen pro Jahr über diesen Weg vermittelt – diese Chance sollten auch Sie sich, bei entsprechender Eignung, nicht entgehen lassen.

Ausland

4

Genau genommen gehört dieser Punkt nicht direkt zum Erschließen des verdeckten Arbeitsmarktes. Die Grundphilosophie bestand darin, dass Sie als Bewerber immer mit dem Strom schwimmen, sobald Sie sich auf eine ausgeschriebene Stelle bewerben. Es ist schwierig, Alleinstellungsmerkmale zu erzielen. Das hängt damit zusammen, dass eine Stellenanzeige eines Arbeitgebers in Deutschland, wo die Arbeitslosigkeit bei ca. 6,0 Prozent liegt, doch noch wie ein Magnet auf Bewerber wirkt.

Im uns umgebenden Ausland ist dies häufig anders. Mittlerweile kann hier keine Pauschalaussage mehr gemacht werden. Deutschland schlägt sich derart gut, dass viele Nachbarn neidisch auf uns blicken. Dennoch lag die Arbeitslosigkeit bei den uns umgebenden deutschsprachigen Ländern Österreich (5,5 Prozent) und Luxemburg (5,8 Prozent) bei unter 6 Prozent. Die Schweiz hat mit einer Arbeitslosenqoute von 3 Prozent ohnehin einen Sonderstatus inne.

Schweiz

Was bedeutet das nun konkret für Sie? Schauen wir uns die Schweiz etwas genauer an. Ich arbeite dort recht häufig für ein Unternehmen, das Ingenieurdienstleistungen erbringt. Wie viele andere Schweizer Unternehmen ist es der Meinung, „dass es sich nicht lohnt,

Stellenanzeigen aufzugeben". Denn „der Markt ist leergefegt". In der Tat wandern pro Jahr ca. 20.000 Deutsche in die Schweiz aus – und bilden damit das größte Ausländersegment.

In dem von mir erwähnten Unternehmen sind 30 Prozent Deutsche angestellt. Natürlich soll man nicht meinen, dass die Urlaubsbedingungen eins zu eins auf den Arbeitsplatz übertragen werden können. Alles in allem sind diese Mitarbeiter aber überdurchschnittlich zufrieden.

Ich führe die Option „Ausland" hier dann doch auf – denn wenn Sie sich etwa in der Schweiz auf eine ausgeschriebene Stelle bewerben, einen Headhunter anschreiben, eine Initiativbewerbung verfassen oder Ihr Profil bei Jobbörsen hinterlegen, erzielen Sie damit im Gegensatz zu Deutschland quasi Alleinstellungsmerkmale.

Da, wie gesagt, viele Unternehmen selbst keine Stellenanzeigen schalten, haben sie das Recruiting häufig an Personalberater übergeben. Das führte dazu, dass sich neben einigen „renommierten Executive Search Unternehmen" von internationalem Ruf eine große Anzahl regionale, kleinere Personalberater etablierten, die ihre Kernkompetenz einfach in der Personalsuche und Auswahl sehen. Es handelt sich bei den Beratern keineswegs um die „gestandenen Persönlichkeiten" mit Doppelstudium, Promotion oder MBA, sondern um Mitarbeiter mit einem sehr durchschnittlichen Hintergrund im Einkauf, in der Kreditvergabe oder im Marketing. Diese haben sich irgendwann einmal selbstständig gemacht und betreuen auch kleine und mittelständische Unternehmen bei der Stellenbesetzung.

Ist es in Deutschland eher schwierig, an den Lebenslauf, das Spezialgebiet oder gar die direkte E-Mail-Adresse eines Personalberaters heranzukommen, stellt sich dies in der Schweiz ganz anders dar. Wer dort die Website eines Personalberatungsunternehmens aufruft, findet fast immer alle Berater mit Bild, Spezialgebiet sowie E-Mail-Adresse. Nichts ist also einfacher, als diese direkt zu kontaktieren.

Im Folgenden seien einige Möglichkeiten genannt, wie Sie den transparenten und verdeckten Arbeitsmarkt in der Schweiz erschließen können:

4

a) ZAV – Auslandsvermittlung

Wir haben bei der ZAV bereits die Managementvermittlung kennengelernt. Ein anderer Zweig ist die Auslandsvermittlung. Die Ehrlichkeit gebietet, dass der mit Abstand überwiegende Teil der Vermittlungen in der Gastronomie sowie bei den Facharbeitern (z. B. Baubranche) stattfindet.

Dennoch können Sie – auch wenn sich dieses Buch primär an Fach- und Führungskräfte in der Wirtschaft richtet – auf der Website der ZAV schauen, ob ein Beratungstermin für Sie in Frage kommt.

b) Neue Zürcher Zeitung

Die führende überregionale Zeitung für den deutschsprachigen Raum ist die *Neue Zürcher Zeitung* (NZZ). Sich die Stellen online anzusehen, ist eine sehr pragmatische Vorgehensweise. Diese finden Sie unter: **www.nzz.ch**

Für den ein oder anderen mag die Seite fast ein wenig steril wirken. Wenn Sie sich näher mit dem Land befassen möchten und auch die „Haptik" nicht zu kurz kommen soll, rate ich dazu, sich für ein Quartalsabonnement zu entscheiden. Sie bestellen lediglich die Samstagsausgabe der Schweizer Ausgabe und nicht das internationale Blatt. Das enthält nämlich keine Stellenanzeigen. Dafür bezahlen Sie ca. 35 Euro, die Sie auf eine deutsche Kontonummer überweisen können. So erhalten Sie jeweils pünktlich am Montag die Samstags-Ausgabe. Das Schöne daran: Gerade diese Ausgabe enthält häufig Magazine und Themenschwerpunkte, die normalerweise nicht zur Geltung kommen. So lernen Sie Ihr Zielland bereits kennen. Manch einer mag das Abo gar nicht mehr kündigen, auch wenn er bereits einen neuen Job gefunden hat.

Besonderheiten, die bei einer Bewerbung in der Schweiz zu berücksichtigen sind:

- Rechtschreibung: Deutsche Rechtschreibregeln gelten nicht zwangsweise auch in der Schweiz. Einen Brief beginnt man mit einem Großbuchstaben. Statt „Mitarbeiter" spricht man von „Mitarbeitenden". So gibt es Abweichungen zur gewohnten deutschen Schreibweise. Sicherlich ist es kein Problem für einen Arbeitgeber, der die Abweichungen aufgrund Ihrer Herkunft relativieren wird. Ein gewisses „Gespür" aber ist durchaus hilfreich. Vermeiden Sie jedes Denken in „richtig" oder „falsch".

■ Telefoninterview: Sehr häufig wird der potenzielle Arbeitgeber zunächst ein Interview per Telefon mit Ihnen führen. Für viele ist diese Erfahrung neu. Sie können nicht länger über die Mimik und Gestik kommunizieren. Auch die Intonation ist nur noch ein begrenzter Indikator. Häufig sitzen „auf Schweizer Seite" mehrere Ansprechpartner, die dann über Lautsprecher mit Ihnen kommunizieren. Da geht vieles verloren. Unterschätzen Sie diese Hürde nicht. Legen Sie vor allem häufig Pausen ein. Sie sehen nämlich nicht, wann Ihr Gegenüber etwas sagen möchte. Auch die allgemeinen Regeln der Kommunikation sollten exzessiv angewendet werden, sprich: nachfragen, wiederholen, zusammenfassen. Kommunikationsstörungen sind fast vorprogrammiert, zumal ein Schweizer das Empfinden hat, dass er sich in einer „Fremdsprache" mit Ihnen unterhält.

■ Fahrtkosten: Anders als in Deutschland werden Fahrtkosten nicht grundsätzlich zurückerstattet. Hier ist dies gesetzlich geregelt; in der Schweiz ist das nicht üblich! Daher ist ein telefonisches Interview auch als Zeichen von Respekt – Ihrem Geldbeutel gegenüber – zu verstehen. Natürlich können Sie individuelle Vereinbarungen treffen. Sie sollten die Rückerstattung von Fahrtkosten aber nicht mit einer Haltung der Selbstverständlichkeit einfordern.

■ Kultur: Mit diesem Thema könnten ganze Bücher gefüllt werden. Dennoch machen viele Deutsche den Fehler, kulturelle Unterschiede zu wenig zu berücksichtigen. Das wird den Deutschen dann sehr übel genommen. Jede Gebärde der Überlegenheit, sei es die Sprache, Vorgehensweise, Ausbildung oder Eloquenz betreffend, wird registriert. Natürlich handelt es sich dabei um einen Stereotyp, aber vom DISG-Profil (Sie erinnern sich) aus gesehen sind viele Schweizer im stabilen Quadranten anzutreffen – eher etwas zurückhaltend, auf Qualität bedacht, ruhig, abwartend und beobachtend. Gehen Sie immer mit einer Lernbereitschaft und einer gewissen „Demut" an neue Situationen heran. Andere Länder machen Dinge anders, nicht besser oder schlechter. Begegnen Sie Landsleuten mit einer Haltung der Ebenbürtigkeit – sonst fällt es Ihnen später möglicherweise schwer, im Ausland erfolgreich zu sein.

Österreich

Die Prinzipien, welche ich für die Schweiz beschrieben habe, sind auch für Österreich relevant.

Lassen Sie sich den „Kurier" sowie den „Standard" als Samstagsausgabe zusenden – und schon haben Sie den Einblick in den Stellenmarkt.

Ein Großteil des österreichischen Arbeitsmarktes konzentriert sich im Großraum Wien. Hier wohnen ca. 2,5 Millionen der 8 Millionen Österreicher. Andere Bundesländer sollte man sich zunächst etwas genauer anschauen. Die geografischen Beschaffenheiten und der Dialekt in Vorarlberg weichen sehr von denen im Burgenland ab. Das gilt natürlich auch für die Nähe zu Deutschland, die in Vorarlberg, Tirol oder Salzburg zum Beispiel noch gegeben ist (bis hin zu dem Punkt, dass man in Deutschland wohnen und in Österreich arbeiten kann). Das ist jedoch in Wien nicht länger möglich.

Viele Deutsche machen auch in Österreich den Fehler zu denken, dass eine „gemeinsame" Sprache (wobei dieses Denken mit Vorsicht zu genießen ist) verbindet und Unterschiede überdeckt. Eine völlig andere Geschichte (Stichwort k. und k.) ist aber keineswegs zu unterschätzen. Österreich ist ein Land, das wesentlich formaler geprägt ist. Ich habe über vier Jahre lang mit viel Freude in Österreich gelebt und gearbeitet. Aber in meinem Bekanntenkreis kannte ich zum Beispiel eine Person die, schon im Ruhestand, rückwirkend um eine Beförderung gekämpft hat.

Luxemburg

Luxemburg wird bei der Jobsuche normalerweise kaum berücksichtigt. Dieses kleine Land (ca. 500.000 Einwohner – davon leben 150.000 im Großraum Luxemburg Stadt) ist aber äußerst interessant. Die Verdienstmöglichkeiten sind sehr gut. Viele Großkonzerne wie *ArcelorMittal, Goodyear* und Finanzdienstleister (Banken, PwC) haben sich hier angesiedelt. Deshalb gibt es ca. 150.000 Pendler aus Frankreich, Belgien und Deutschland, die hier arbeiten.

Die Landschaft ist schön, der soziale Friede gegeben. Viele meinen, dass man zwingend Französisch beherrschen sollte. Dies ist jedoch nicht der Fall. Der Luxemburger selbst spricht eine eigene Sprache, das Luxemburgisch (Lëtzebuergesch). Viele sprechen in der Tat Französisch – aber an der östlichen Grenze entlang kommt man mit Deutsch sehr gut zurecht.

Die Zeitung, die Sie hier als Samstagsausgabe bestellen können, ist *Das Luxemburger Wort* (www.wort.lu/de).

Sonstiges Ausland

Natürlich können Sie neben den drei oben genannten Nachbarländern auch das „sonstige Ausland" – Ihren regionalen Präferenzen entsprechend – beim Job-Hunting berücksichtigen.

Die Niederlande stellen sich für manche attraktiv dar. Die Nähe zu Deutschland ist gegeben, die Sprache wird leicht aufgegriffen. Die Niederländer sind recht offen und zugänglich – auch wenn „die Deutschen" nicht zu den Lieblingsnachbarn zählen ... (das darf ich als gebürtiger Niederländer sagen).

Ich kenne einige Deutsche, die in Frankreich sehr glücklich geworden sind. Die Beherrschung der französischen Sprache ist natürlich ein „Muss". Sind wir in Deutschland sehr auf Qualität ausgerichtet und tritt die Persönlichkeit eher in den Hintergrund, so sind in Frankreich Job und Persönlichkeit in einer wesentlich extrovertierteren Kultur enger miteinander verbunden.

Für Ärzte war beispielsweise England über viele Jahre hinweg attraktiv.

Vielleicht schließen wir an dieser Stelle mit Skandinavien ab. Für Bewerber, die in Schleswig-Holstein wohnen, ist der Sprung nach Dänemark ohnehin sehr nah. Schwedisch und Norwegisch sind – im Gegensatz zu Finnisch – noch recht einfach zu lernen. Mancher verwirklicht sich mit einem Umzug in den „hohen Norden" einen Lebenstraum.

Interim-Management

In Arbeitnehmermärkten können Mitarbeiter Forderungen einfacher durchsetzen. Dies macht sich zum einen bei den Gehältern bemerkbar. Interessant ist aber in Märkten, die überhitzt und in denen kaum Arbeitskräfte verfügbar sind, noch ein anderes Phänomen: die Flexibilisierung der Arbeitszeit.

Beispiel:

Um die Jahrtausendwende hatte ich zwei Jahre als Geschäftsführer die Verantwortung für ein Kosmetikunternehmen in den Niederlanden inne. Aufgrund der Dotcom-Gründerzeit waren Arbeitskräfte äußerst rar. Konzerne boten den Mitarbeitern 5.000 Euro für eine erfolgreiche Vermittlung. Ein Friseur stellte Mitarbeitern, die länger als ein Jahr bei ihm tätig waren, einen Smart als Firmenwagen zur Verfügung. Als ich nach einer Sachbearbeiterin suchte, war dies nur möglich, da sie mit einem der Angestellten befreundet war. Die Mittagszeit betrug eine halbe Stunde. Da sie zu Hause einen Hund hatte, forderte sie anderthalb Stunden – und hat sie auch erhalten, da weit und breit keine andere Bewerberin sichtbar war.

Drei Jahre später zeichnete ich am Niederrhein für den internationalen Kundendienst eines Krankenhausausstatters verantwortlich. In meinem Team in den Niederlanden sah ich die Nachwehen der vorher beschriebenen Arbeitsmarktsituation. Mein Team bestand aus acht Vollzeitkräften, die sich jedoch auf 14 Mitarbeiter verteilten. Manche arbeiteten zwei oder drei Tage pro Woche, manche von 10.00 bis 16.00 Uhr. Daneben gab es natürlich noch Halbtagskräfte.

4

Der Wunsch nach einer Work-Life-Balance steht bei Arbeitnehmern ganz oben auf der Prioritätenliste, wie wir bereits gesehen haben. In zunehmendem Alter wird eher mehr Freizeit als Gehalt gefordert – wenn möglich. Gerade in den Ländern, in denen die Arbeitslosigkeit sehr niedrig ist, geht man mehr und mehr dazu über, auch Menschen in Top-Management-Positionen eine flexible Arbeitszeit zu ermöglichen. In den Niederlanden wiederum kenne ich einen Produktionsleiter, der vier Tage pro Woche arbeitet. Ein Bereichsleiter Controlling bei einem Energiekonzern hat die Verantwortung für 125 Mitarbeiter. Er ist hoch qualifiziert – und lediglich drei Tage pro Woche anwesend. Seit 25 Jahren führt er ein eigenes Unternehmen als Wirtschaftsprüfer und Steuerberater. Er betreut in den übrigen zwei Tagen 400 Kunden in selbstständiger Tätigkeit.

In Zürich hat ein Geschäftsführer und Niederlassungsleiter eines dänischen Beratungsunternehmens für seine Position in der Schweiz gerade einen 80-Prozent-Vertrag verhandelt.

In Deutschland hat der Weg bei solchen Wünschen bisher in die Selbstständigkeit geführt. Doch auch hier ändern sich die Zeiten. Ich selbst erhielt vor zweieinhalb Jahren von einem Kunden die Anfrage, ob ich eine Geschäftsführerstelle für seine Akademie übernehmen wollte. Ich sagte zu: Für drei Tage pro Woche. Und erhielt einen Fünfjahresvertrag. Nun bleibt mir noch Zeit für Karriere-Coachings, Training und Beratung. Darüber hinaus bin ich Mit-Inhaber eines kleinen Unternehmens in den Niederlanden.

Was zeigt dies? Auch in Deutschland wird es üblicher, dass strikt begangene Wege (gewollt) vom „festen Arbeitsverhältnis" wegführen. Immer mehr Fachspezialisten arbeiten projektbezogen. Das gilt sowohl für die „Kreativen" als auch für Qualitätsmanager oder Programmierer.

Beispiel:

Ich kenne einen SAP-Spezialisten, der seit Jahren als Interim-Manager arbeitet. Er sucht sich nicht selbst die Aufträge, sondern „wird vermittelt". Eines seiner letzten Projekte bezog sich auf die Deutsche Bahn in Frankfurt. Die Projektdauer betrug häufig sechs Monate und mehr. Da er nicht selbst akquirierte, sondern sich immer entscheiden musste, ob er sich ein Anschlussprojekt wünschte oder doch lieber zunächst eine Auszeit, verdiente er „nicht so viel". In seinem Fall bedeutete dies 600 Euro pro Tag. Bei einer Arbeitszeit von 22 Tagen im Monat und sechs Monaten am Stück kam dabei durchaus Geld zusammen. Dafür war er natürlich selbstständig und hatte Kosten, wie die private Krankenversicherung und die Altersvorsorge, selbst zu tragen. Ich erlebte ihn mehrmals in der Situation, in der er überlegte, ob und wann er ein nächstes Projekt annehmen sollte, da er keineswegs gezwungen war, immer zu arbeiten.

Viele Interim-Manager sind wie die Jungfrau zum Kind gekommen. Zunächst sehr widerwillig, haben sie später Gefallen an dieser Tätigkeit gefunden.

Das würde natürlich alles nichts nützen, wenn von der Auftraggeberseite kein Interesse an dieser Dienstleistung bestünde. Dies ist jedoch nicht der Fall. Arbeitgeber sind sehr gern bereit, „in guten Zeiten" (solange sie planbar erscheinen) etwas mehr für befristete

Arbeitsverträge zu zahlen. Diese Flexibilität kostet sie Geld – dafür müssen sie sich dann zu anderer Zeit nicht schmerzlich wieder von ihren Mitarbeitern trennen. Es wird außerdem immer üblicher, Mitarbeiter nur für die Dauer bestimmter Projekte einzusetzen. Diese können zum Beispiel sein:

- Einführung eines Qualitätsmanagements

- Anpassung von Software nach der Neueinführung

- Sanierung

- Restrukturierung

- Überbrückung eines gewissen Zeitraums bei einer Nachfolgeregelung (Generationenwechsel)

- höchste Dringlichkeit bei der Besetzung einer Funktion

- Erschließung neuer Länder und Märkte

- Eröffnung einer Produktionsstätte

- Integration nach Merger & Akquisitionsphase

- Prozess-Optimierungen

4

Die Gehälter von Interim-Managern sind mit denen von Beratern vergleichbar. Bei langfristigen Projekten werden jedoch Zugeständnisse gemacht, da der Interim-Manager eine Aussicht auf ein langfristiges Einkommen hat. Gerade der klassische Berater vermeidet eher die Abhängigkeit von einem Auftraggeber. Er akquiriert ständig und arbeitet seine Aufträge nicht sequenziell, sondern parallel ab. Darin liegt der Unterschied zwischen beiden Tätigkeiten.

Wie werden Sie Interim-Manager?

a) Auf eigene Faust

Viele arbeiten – wie ein Berater – auf eigene Faust. Das bedeutet: Es muss akquiriert werden. Diese Personen machen beispielsweise in der Samstags-*FAZ* auf sich aufmerksam. Natürlich hoffen sie auch auf Weiterempfehlungen. Das Honorar verbleibt zu 100 Prozent bei ihnen selbst. Dafür sind sie von einer Akquisitionsnotwendigkeit geprägt.

b) Zusammenarbeit mit einem Vermittler

Die Alternative ist die Zusammenarbeit mit einem vermittelnden Unternehmen. Viele Executive-Search-Gesellschaften haben mittlerweile eine diesbezügliche Business-Unit gegründet. Sie verfügen über die Kompetenz, entsprechend qualifiziertes Personal in eine Festanstellung vermitteln zu können. Wieso also nicht auch in ein befristetes Arbeitsverhältnis? Eine interessante Anlaufstelle für die Vermittlung ist das Portal **www.flexarbeiter.de**. Hier finden Sie Namen, die Sie eher aus dem Headhunter-Bereich kennen, darunter *Kienbaum, Heidrick & Struggles, Boyden, Michael Page* und *Robert Half*, aber auch Unternehmen, die sich in der Zeitarbeit etabliert haben, wie *Adecco* oder *DIS*. Außerdem taucht hier auch die uns bereits bekannte *ZAV* auf. Marktführer auf dem Gebiet „Interim-Management" sind derzeit in Deutschland Atreus, GULP, EIM und Signium. Gute Anlaufstelle: Dachgesellschaft Deutsches Interim Management e.V. (www.ddim.de).

4 Personalüberlassungsunternehmen

Die Unternehmenswelt war vor rund 15 bis 20 Jahren klar eingeteilt. Auf dem Gebiet der Personalbeschaffung waren die Headhunter „oben" und besetzten Positionen in der ersten und zweiten Führungsebene. Gelegentlich, um bestehenden Kunden einen Gefallen zu tun, wurde eine Position im mittleren Management vergeben. Da die Honorare in den allermeisten Fällen unmittelbar mit den Jahresgehältern der zu besetzenden Positionen zusammenhingen, waren die Headhunter-Strukturen nicht darauf ausgerichtet, solche „Gefälligkeiten" allzu oft zu erbringen.

Im Umkehrschluss agierten „unten" vermehrt die Zeitarbeitsunternehmen. Für weniger qualifizierte Positionen beschafften diese das von Unternehmen benötigte Personal. Die Anforderungen waren nicht sehr hoch, es interessierte weniger die Person an sich. Wichtig war, dass die Arbeit erledigt wurde. Zeitarbeitsunternehmen verfügten über einen großen Personalbestand. Natürlich war die Zuverlässigkeit der Mitarbeiter von Bedeutung. Für den Arbeitgeber zählte jedoch primär die Arbeitskraft in kritischen Situationen. Um Stellen langfristig zu besetzen, suchte der Arbeitgeber lieber persönlich nach Personal. Für den kurzfristigen Bedarf bei unerwartetem Personalausfall, Schwangerschaften oder Sonderaufgaben (z. B. Inventur) wurde auf die Kapazitäten von Zeitarbeitsunternehmen zurückgegriffen. Diese hatten – anders als Headhunter – keine aufwendige Kostenstruktur, was das „Research" angeht. Sie rekrutierten Mitarbeiter, zahlten ihnen einen – in der Regel – sehr überschaubaren Stundensatz und schlugen darauf eine ausreichende Marge auf, damit dieses Modell funktionierte.

Anhand dieser Schilderung stellen Sie bereits fest, dass es „in der Mitte" eine Lücke gab, die zu dieser Zeit lediglich vom Arbeitgeber selbst bedient wurde. Für die Besetzung der Positionen im mittleren Management waren – ebenfalls zu diesem Zeitpunkt – eher üppig ausgestattete Personalabteilungen zuständig.

Seitdem hat sich einiges geändert. Dabei kamen mehrere Faktoren zusammen:

- Reduzierung der Personalabteilungen in Unternehmen
- Geänderte Gesetzgebung bezüglich Zeitarbeitsunternehmen (Ziel: Übernahme der Beschäftigten in ein festes Arbeitsverhältnis)
- Imageproblem der Zeitarbeitsbranche

4

Beispiel:

Persönlich war ich 2003 bei der Firma CardinalHealth als Director Operations & Services unter anderem für die Lageraktivitäten sowie den internationalen Customer Service verantwortlich. Im Lager arbeiteten wir mit einem Zeitarbeitsunternehmen zusammen. Der geschäftsführende Gesellschafter, Herr M.*, besuchte mich mit einer gewissen Regelmäßigkeit. Seit drei Jahren stellte er Personal und kannte die Unternehmenskultur. Er war in der Lage, die Mitarbeiter zu beschaffen, die mit der amerikanischen Mentalität sowie den vorgesetzten Stellen gut zurechtkamen.

Ein weiterer Vorteil für mich: Die Gestaltung der Stellenanzeigen, aufwendige Bewerbungsverfahren und das „Risiko", vielleicht doch nicht die richtige Person einzustellen, fielen weg. Der Preis, den wir dafür bezahlten: die Beschäftigung der Mitarbeiter für einen definierten Zeitraum über das Personalüberlassungsunternehmen. Das kam uns sehr gelegen; und diese Zeit wurde quasi als „Probezeit" betrachtet, wenn es die Zielsetzung war, den Mitarbeiterbestand aufzustocken.

* Name geändert

> Als wir dann im Zuge einer Reorganisation qualifiziertere, mehrsprachige Mitarbeiter für den internationalen Kundendienst suchten, lag es nahe, ebenfalls Herrn M. anzusprechen. Darüber freute er sich sehr und betrachtete diese Anfrage als Win-win-Situation, was sie auch war. Sein Image profilierte sich am Arbeitsmarkt, da er in der Lage war, qualifizierte Stellen zu vermitteln. Bei uns fielen – wie erwähnt – aufwendige Prozeduren weg. Am Rande sei erwähnt, dass wir auch bereit gewesen wären, Mitarbeiter, die direkt bei uns eingestellt werden wollten, sofort zu übernehmen. Der Bonus, den wir Herrn M. dann für seine Personalbeschaffungsmaßnahmen zukommen lassen sollten, war bereits im Vorfeld geklärt.

Wir sehen, „die Lücke in der Mitte" wurde zunächst vermehrt von Zeitarbeitsunternehmen besetzt. Diese Firmen stellten Personal ein – sogenannte Recruiter –, die sich ausschließlich mit der Beschaffung von Personal für Festeinstellungen befassten. Spätestens als die Zeitarbeitsunternehmen vermehrt auch in den sechsstelligen Gehaltsbereich vordrangen – früher eindeutig die alleinige Domäne der Headhunter –, wurden diese nervös. Um dieses offensichtlich doch lukrative Feld nicht den Zeitarbeitsunternehmen überlassen zu müssen, gründeten viele von ihnen Tochtergesellschaften. Diese waren entweder mit anderen Namen versehen oder als zugehörig zur renommierten Mutter erkennbar. Sie wichen von den Gepflogenheiten des Mutterunternehmens ab, indem sie mit einer Anzeigenunterstützung arbeiteten, auf teure Research-Prozesse verzichteten und sich auf diese Weise mit milderen Honoraren zufriedengeben konnten.

Für Sie als Bewerber ist es wichtig zu verstehen, dass die meisten Zeitarbeitsunternehmen neue, zusätzliche Geschäftsfelder für sich entdeckt haben. Davon können auch Sie profitieren. Häufig gibt es regionale Kompetenzzentren, in denen die Personalvermittlungsaktivitäten für qualifizierte Stellen zusammengefasst werden. Ich hatte einst gemeinsam mit einer Dame von DIS einen Auftritt in Dortmund bei einer Börse für Hochschulabgänger. Am Rande konnten wir uns persönlich etwas besser kennenlernen. Sie war für die Personalbeschaffung auf dem IT-Gebiet für die Region zuständig.

Die Marktführer in diesem Bereich sind:

- *Adecco/DIS*
- *Randstad*

■ *Persona*

■ *Manpower*

Qualifizierte Bewerber können sich an Personalüberlassungsunternehmen wenden, ein „Intake-Gespräch" vereinbaren und darauf hinweisen, dass lediglich Interesse an einer Vermittlung in ein festes Angestelltenverhältnis besteht.

Persönliche Netzwerke

Abschließend sollte Ihr Netzwerk darüber informiert sein, dass Sie einen neuen Job suchen. Das Institut für Arbeitsmarkt- und Berufsforschung (IAB) veröffentlichte eine Studie, die zeigte, dass jede vierte Neubesetzung auf persönlichen Kontakten basierte. Beim kleineren Mittelstand spielten die persönlichen Kontakte sogar in der Hälfte der Fälle eine Rolle.

Auch Outplacement-Berater sehen gerade beim privaten Netzwerk große Chancen. Sie attestieren, dass ihre Kandidaten über diesen Weg in ca. 30 Prozent der Fälle zu einer neuen Tätigkeit finden. Mit zunehmendem Alter gewinnt das Netzwerk – verständlicherweise – an Bedeutung. Wir haben etliche Personen kennengelernt. Die Beziehungen sind langfristiger. Unsere Ergebnisse sind vielfältiger. Wir stehen immer unter Beobachtung durch unsere Umgebung. Dies kann sich positiv oder negativ auswirken. Freunde, Bekannte und Ex-Kollegen bleiben mit uns in Verbindung und erkundigen sich immer wieder mal, „wie es uns geht".

Ich behaupte keineswegs, dass Netzwerkpflege „berechnend" sein sollte. Es lohnt sich aber, Zeit in Beziehungen zu investieren. Erzählen Sie, wie es Ihnen geht. Verfassen Sie vielleicht einmal pro Jahr einen „Newsletter", den Sie Ihrem Bekanntenkreis zusenden. Sorgen Sie dafür, zumindest in einem Sozialen Netzwerk auffindbar zu sein, wie etwa in XING. Akzeptieren Sie Kontaktanfragen von Ex-Kollegen und anderen Personen, die Ihnen bekannt sind. Und nicht zu unterschätzen: Helfen Sie, wo Sie können. Bringen Sie Personen miteinander in Verbindung. Geben Sie Auskünfte. Bringen Sie Mitgefühl zum Ausdruck. Treffen Sie sich – wenn möglich und passend – beizeiten auch persönlich. Nehmen Sie sich Zeit für ein Telefonat. Schreiben Sie mal eine E-Mail. In diesen Nachrichten soll Ihr Kontakt Herzblut spüren. Belangloses und Oberflächliches ist tabu.

Persönlich kann ich mit dem Wort „Vitamin B" nicht so viel anfangen. Dies hört sich für mich viel zu viel nach „Gefälligkeit" an. Ich bin nicht sehr davon überzeugt, dass viele Personen ihren Ruf aufs Spiel setzen, nur damit sie anderen einen Gefallen tun. Die meisten wissen, dass eine unüberlegte Empfehlung einer Beziehung ernsthaft schaden, wenn nicht sie sogar zerstören kann. Das höchste Gut für eine Beziehung ist Glaubwürdigkeit und Integrität. Mit diesen Werten kann nicht gespielt werden. Netzwerkpflege basiert letztlich auf Vertrauen! In meinem Umfeld wird zweimal nachgedacht, bevor jemand eine Person weiterempfiehlt. Entweder tue ich dem anderen (dem ich die Empfehlung ausgesprochen habe) damit einen Gefallen. Dieser wird dankbar sein und das Vertrauen wächst. Oder, wenn meine Empfehlung versagen sollte, hat dies eine ernsthafte Konsequenz für mich persönlich. Das Vertrauen ist zerstört. Ich bin zumindest mitverantwortlich für ein negatives Ereignis, das sich ergeben hat.

Die Netzwerkpflege definiert sich also über ein höchstes ethisches und moralisches Verständnis. Wenn wir aber in dieser Haltung über Jahrzehnte hinweg unsere Kontakte pflegen, helfen, überraschen oder an der einen oder anderen Stelle verblüffen, sollte es uns nicht wundern, auch selbst im Laufe der Zeit zu „begehrter Ware" zu werden.

In diesem Sinne soll unserem Bekanntenkreis „der Mund wässrig gemacht" werden. Unsere Kontakte sollten das Gefühl haben, dass sie am liebsten – wenn sie es entscheiden könnten – uns einstellen würden. Wenn das nicht möglich ist, sollte das Wissen um unsere Verfügbarkeit bei ihnen das Gefühl auslösen, dass sie um einen „großen Schatz" wissen, einen Geheimtipp, den sie selektiv an entsprechender Stelle platzieren möchten.

Wenn wir jünger sind, überzeugen wir zunächst durch Energie, Ausbildung und Leistungsbereitschaft, die sich auch stark quantitativ bemerkbar macht. Wenn wir schon etwas länger im Leben stehen, bieten wir persönliche Reife, Selbstreflexion, qualitative Entscheidungen und mehr Unverwechselbarkeit. Wir wissen häufig nicht, wie wir wahrgenommen werden. Wenn Sie auf eine externe Hilfe angewiesen sind oder diese sehr gut gebrauchen können, wissen Sie, wie wertvoll es war, zum richtigen Zeitpunkt für andere dagewesen zu sein.

Ich schließe das Kapitel „Den verdeckten Arbeitsmarkt erschließen" mit einer E-Mail eines meiner Kunden ab. Freundlicherweise erteilte dieser mir eine Rückmeldung über seine Aktionen und gleichzeitig Emotionen. Auch in meinen Seminaren zeige ich diese Nachricht gern den Teilnehmern. Sie betont, dass es keine Abkürzungen gibt. Neuorientierungen kosten Zeit und Geld. Es lohnt sich, nicht den schnellen Weg zu wählen, um zwei oder drei Jahre später wieder am gleichen Punkt zu stehen. Diese Person hat sich Zeit genommen, Geld investiert, sich Optionen herausgearbeitet, aus denen sie wählen konnte. Diese Geschichte deckt sich mit vielen anderen, die ich aus meinem Klientenkreis kenne. Besonnenheit ist gefragt – nicht die Entscheidung für das Erstbeste. Wer den Weg konsequent geht, ist sehr häufig in der Lage, sich zu verbessern. Aber hier erst noch die erwähnte Nachricht:

– Ursprüngliche Nachricht –

Von: Arcot S

Gesendet: Mittwoch, 28. März 20..

An: ‚Vincent Zeylmans'

Betreff: AW: Heutiges Telefonat

Sehr geehrter Herr Zeylmans,

an dieser Stelle ein Lebenszeichen von mir.

Ein herzliches Dankeschön für Ihren Einsatz und Ihre Unterstützung (sowie die aufmunternden Worte) bei meinem Bewerbungsverfahren und dem Unterlagen-Check. Ich habe vor Kurzem einen Vertrag für eine Funktion als kaufmännischer Leiter (Personalverantwortung 30 Leute) mit Option auf kaufmännischer GF in einem Maschinenbauunternehmen in Frankfurt/Main unterzeichnet. Umsatz: ca. 80 Mio. Euro, 200 Mitarbeiter in Frankfurt, ca. 450 Mitarbeiter weltweit.

Insgesamt hatte ich eine Quote (ich denke, das interessiert Sie) von 55 schriftlichen Bewerbungen, 2 Stellengesuchen in der FAZ, 3 Stellengesuchen im Internet, 8 Vorstellungsgesprächen (ohne doppelte Gespräche). Zweimal habe ich von meiner Seite abgesagt, 2 Angebote liegen mir jetzt vor. Unterwegs war ich an ca. 15 Arbeitstagen und habe ca. 7000 bis 9000 km zurückgelegt. Das Ganze zog sich über ca. 4–5 Monate hin. Pro Tag kann man gut sieben Stunden Arbeitszeit ansetzen.

Zum Erfolg haben letztlich die zwei Stellengesuche in der *FAZ* sowie die im Internet geführt.

4

Damit bestätigt sich auch in meinem Beispiel: proaktiv funktioniert besser. Insgesamt habe ich das ganze Verfahren als „Knochenjob" und natürlich auch als „Unterwerfungsritual" empfunden. Aber insgesamt hat es sich gelohnt. Ich habe eine Menge gelernt und mich darüber hinaus auch verbessert, zumindest aus heutiger Sicht. Jetzt genieße ich die Zeit, bis es wieder losgeht, und bilde mich natürlich weiter.

Mit lieben Grüßen

... Obwohl ich dieses Buch noch mit einem Epilog abschließen werde, sind wir am Ende angekommen. Das Projekt wurde aus einem inneren Antrieb geboren. Wie im Vorwort beschrieben, habe ich beinahe alle Ratschläge selbst erlebt und befolgt. Mit (für den deutschen Arbeitsmarkt) geringen Qualifikationen habe ich mich auf meine Stärken besonnen und diese konsequent auf dem verdeckten und teils transparenten Arbeitsmarkt dargestellt. Ich war an den Weichenstellungen in meinem Leben verblüfft und dankbar, wie effektiv diese Erfolgsprinzipien funktionieren. Ich wollte Sie teilhaben lassen an meinen Erfahrungen und den Erlebnissen von mehreren hundert Personen, die ich im Laufe der Jahre begleiten durfte.

Sie sind herzlich eingeladen, auf meiner Website unter **www.zeylmans.de** nach neuen Informationen zu suchen, Erfahrungsberichte und Kolumnen zu lesen und sich einen Blog sowie ermutigende Links zu anderen Medien näher anzusehen.

Über **info@zeylmans.de** können Sie jederzeit Kontakt zu mir aufnehmen.

Vielleicht lernen wir uns ja einmal persönlich kennen. Zweimal pro Jahr führe ich das Seminar „Job-Hunting" durch, das die Grundlage für dieses Buch darstellt.

Ich wünsche Ihnen jede Menge Erfolg, das Festhalten an Träumen sowie ein Denken in Möglichkeiten und nicht in Begrenzungen.

Vincent Zeylmans

Epilog

Im Jahr 2000 hörte ich in einem Seminar die Geschichte von Cliff Young. Sie schien mir zu grotesk, um wahr zu sein. Zu Hause überprüfte ich sie im Internet. Jede Aussage war richtig. Ich möchte sie Ihnen nicht vorenthalten:

Jährlich findet der Ultra-Marathon zwischen Sydney und Melbourne statt. Über eine Distanz von 875 Kilometer kämpfen um die 150 Athleten – im Alter bis Ende 20 – um den Sieg. Sie alle wissen: Um zu gewinnen, wird 18 Stunden gelaufen. Fünf bis sechs Stunden bleiben für Massagen und Schlaf. Das Rennen wird in sechs bis sieben Tagen ausgetragen.

Im Jahr 1983 steht ein Mann, 61 Jahre, in Stiefeln und Overall bei der Gruppe von Athleten vor dem Start im Stadion. Dabei handelt es sich um Cliff Young, Kartoffelzüchter. Es stellt sich heraus, dass er dieses Jahr teilnehmen möchte. Jährlich sieht er die Sportler an seiner Farm vorbeilaufen. Er entscheidet sich, dieses Jahr selbst teilzunehmen. Schließlich sucht er ab und an auch mal zwei Tage lang am Stück nach einem seiner Schafe, wenn es sich verlaufen hat. Er fühlt sich somit gerüstet.

Australien verfolgt den Vorgang am Bildschirm und sieht die Sportler das Stadion verlassen. Bald ist Cliff Young abgehängt. Die Meinung schwankt zwischen „Mann soll dem alten Mann seinen Traum lassen" und „Wer hält ihn auf, damit er überlebt …?".

Nach 18 Stunden gönnt sich die Kerntruppe den notwendigen Schlaf. Nur Cliff Young läuft weiter. Gelegentlich legt er sich kurz für ein Nickerchen aufs Ohr. Er weiß nicht um die vermeintliche Notwendigkeit von minimal fünf Stunden Schlaf pro Nacht. So holt er über die Tage den Rückstand auf – und gewinnt das Rennen mit großem Vorsprung auf die restlichen Teilnehmer. Er setzt die Bestmarke von 5 Tagen, 15 Stunden und 4 Minuten für die 875 Kilometer.

Eine ungeheure Welle von Sympathie und Popularität schwappt ihm entgegen. Sein Geheimnis: Die anderen kannten den erforderlichen Rhythmus, der zum Sieg führt. Er kannte diesen nicht!

Das erinnert mich an eine Geschichte in *Sofies Welt* von Jostein Gaarder. Er beschreibt, wie eines Morgens Mama, Papa und der kleine Thomas, der vielleicht zwei oder drei Jahre alt ist, in der Küche am Frühstückstisch sitzen. Mama steht auf und dreht sich zum Spülbecken um, und in diesem Moment schwebt Papa plötzlich unter der

Decke. Gaarder schreibt: „Was glaubst Du, sagt Thomas dazu? Vielleicht zeigt er auf seinen Papa und sagt: ‚Papa fliegt!' Sicher wäre Thomas erstaunt, aber das ist er ja sowieso. Papa macht so viele seltsame Dinge, dass ein kleiner Flug über den Frühstückstisch in seinen Augen keine große Rolle mehr spielt. In seiner Erzählung kommt dann Mama an die Reihe. Sie hat gehört, was Thomas gesagt hat, und dreht sich resolut um. Gaarder verfolgt: „Wie, glaubst Du, wird sie auf den Anblick des frei schwebenden Papas über dem Küchentisch reagieren?" Ihr fällt sofort das Marmeladenglas aus der Hand, und sie heult vor Entsetzen auf. Vielleicht muss sie zum Arzt, nachdem Papa wieder auf seinem Stuhl sitzt. Warum reagieren Thomas und Mama so unterschiedlich, nach Meinung von Gaarder? Es ist eine Frage der Gewöhnung. Mama hat gelernt, dass Menschen nicht fliegen können. Thomas nicht. Er ist noch immer unsicher, was auf dieser Welt möglich ist und was nicht."

Die Schlussfolgerung von Gaarder: Wenn Kinder aufwachsen, gewöhnen sie sich an die Welt. Als Erwachsene haben wir unsere kindliche Aufnahmefähigkeit und Neugierde verloren. Wir wundern uns nicht länger. Die Welt ist uns zur Gewohnheit geworden.

5 Seit 20 Jahren begleite ich Bewerber bei der Neu-Orientierung. Ich stelle fest: Unser Denken beeinflusst unser Handeln und Reden. Mit anderen Worten: Aktionen entstehen im Kopf. Der Bewerber, der für sich keine Chancen sieht, da er kein Akademiker ist, wird entsprechend in den Bewerbungsprozess einsteigen. Es wundert nicht, dass er ohne Erfolg bleibt.

Die qualifizierte Mutter möchte ihren Job wieder in Teilzeit antreten. Sie ist sich aber sicher, dass sie nur als Vollzeitkraft eine Stelle findet. Der Verwaltungsleiter war ein Jahr arbeitslos und sieht dies als unüberwindbares Hindernis. Der Geschäftsführer hat in der Vergangenheit einmal einen Karriereschritt zurück gemacht und meint, nie mehr an vorherigen hierarchischen Erfolgen anknüpfen zu können.

Um mit Gaarder zu sprechen und damit das Gegenstück zum zweijährigen Thomas zu setzen: Wir sind uns nicht länger unsicher, was auf dieser Welt möglich ist und was nicht. Im Gegenteil: Wir haben ein System gebildet und uns festgelegt, was die Möglichkeiten dieser Welt sind. Ich möchte keineswegs zu einem Abrakadabra animieren – und behaupten, dass wir die Welt mit unseren „Glaubenssätzen" ändern. Wozu ich aber ermuntere, ist eine gewisse Unbefangenheit.

Gelegentlich nehme ich meinen eigenen Lebenslauf als Beispiel, dass nicht alles rund und perfekt sein muss, um zu einem vernünftigen Job zu finden. Zu meinem Erstaunen werde ich dann häufig mit einer Reaktion konfrontiert, die mit den Worten: „Ja, aber Du …" anfängt. Wir haben wohl förmlich Angst, unsere Vorstellungen und Ideen – auch von Negativem – loszulassen. Wir suchen lieber die Bestätigung des Pessimismus, als dass wir offen sind für die positive Überraschung. Dabei sind täglich auf der ganzen Welt so viele Ereignisse zu beobachten, die sich nicht vorhersehen oder gar erklären lassen. Eine grundsätzlich entmutigte Grundhaltung in Bezug auf die eigenen Chancen macht mich bei Job-Huntern immer betroffen. Persönlich lade ich dazu ein, eine unerwartete günstige Entwicklung zumindest für möglich zu halten und dafür offen zu sein.

Ich nehme Sie mit auf eine kleine Reise in meine eigene Vergangenheit: 1955 werde ich in den Niederlanden geboren. Ich bereite mich auf mein Abitur vor. Mit 17 begegnen mir einige Personen in der Schule, die aus einem christlichen Hintergrund Drogensüchtige beim Entzug und der Sinngebung unterstützen. Zu diesen Kreisen gehörte ich nie – dennoch fasziniert mich die Vorgehensweise bei der Hilfestellung. Nach Abschluss meines Abiturs empfinde ich die pragmatische ehrenamtliche Tätigkeit in dieser Organisation als attraktiv. Ich habe das Gefühl, dass ich etwas Bedeutungsvolles verrichte und dazu beitragen kann, das Leben anderer zum Positiven zu ändern.

5

Der „Beruf" scheint mir 1974 von weniger Bedeutung zu sein. In Holland ist die Zeitarbeit sehr stark im Kommen. Stellen gibt es ohnehin genug. So wende ich mich an ein führendes Zeitarbeitsunternehmen (ASB), welches mir einen Job im Hauptsitz anbietet. So fange ich mit 19 Jahren im Innendienst an – auf Zeitarbeitsbasis. Wenige Monate später ist mein Chef der Meinung, dass ich mehr kann – und es wird eine neue „Ein-Mann-Abteilung" gegründet: die Koordination für die Lohnbuchhaltung. Ich übernehme die Verantwortung. Mein bisheriges Zeitarbeitsverhältnis muss ich dafür aufgeben – und mein erstes „Angestelltendasein" empfinde ich als eine Einengung meiner Freiheit.

Ich gewinne Ansehen in meinem Bereich – aber nach anderthalb Jahren ergibt sich für mich die Möglichkeit, für die ehrenamtliche Jugendarbeit nach Belgien zu ziehen. Ich kündige meinen Job. Ich übernehme unterschiedliche Verantwortung in diesem Verein in Antwerpen, St. Niklaas und Löwen. Tagsüber verrichte ich an den verschiedenen Orten Aushilfstätigkeiten. Der amerikanische Konzern

Gardner-Denver bei Brüssel sieht in mir mehr als einen Gabelstaplerfahrer und holt mich in den Kundendienst.

Mein Weg führt mich 1979 nach Köln – um hier die Verantwortung für die Jugendarbeit zu übernehmen und sie auszubauen. Ich gehe zum „Jobcenter" des Arbeitsamts, das mich auf eine Stelle bei der Kölner Bank von 1867 eG hinweist. Ich spreche in der Auslandsabteilung vor. Der Abteilungsleiter ist etwas hin- und hergerissen. Kann aus Holland etwas Gutes kommen? Vor allem, wenn die Haarlänge nicht den Gepflogenheiten der Bank entspricht? Er lässt sich auf das Wagnis ein. Schließlich habe ich in den Niederlanden auch mit Zahlen gearbeitet. Und ich habe keinen direkten Kundenkontakt. So werde ich ein Exot ohne Banklehre. Das Experiment funktioniert.

1980 führt mich das Ehrenamt nach Salzburg, um dort eine neue Jugendarbeit ins Leben zu rufen. Kurz nach meiner Ankunft mit einem Gründerteam zerbricht die Organisation. Ich habe eine Wohnung im Herzen Salzburgs bezogen und überlege, wie ich mein Leben weiter gestalte.

Eine wichtige Säule ist weggebrochen, dafür habe ich nun aber den Kopf frei und Zeit zur Verfügung. Ich melde mich auf eine ausgeschriebene Stelle des Kosmetik-Konzerns Yves Rocher. Ein „Logistics-Manager" wird gesucht. Mein Vorstellungsgespräch findet an einem Tag statt, an dem der „Schnürdlregen" Salzburg heimsucht. Ich erscheine pitschnass, noch immer in einem etwas alternativ angehauchten Outfit mit holländischen Clogs, die zu diesem Zeitpunkt sehr beliebt sind.

Der Geschäftsführer sowie seine Assistentin, die diese Tätigkeit bis dahin betreut, finden mich wohl sympathisch. Ein Zweitgespräch findet mit der kaufmännischen Leiterin statt. Die Entscheidung fällt zu meinen Gunsten aus. Das ist nicht einfach für das Unternehmen, das für mich „kämpfen" muss, denn Österreich gehört zu diesem Zeitpunkt noch nicht zur EU. Ich finde mich mit vielen anderen Migranten beim Ausländeramt wieder und erlange die Aufenthaltsgenehmigung für ein Jahr. Dieser Prozess wird sich vier Jahre lang wiederholen. Meine Arbeit erledige ich gut. Im internationalen Vergleich bewege ich mich im oberen Bereich, wenn es darum geht, mit minimalen Beständen einen optimalen Service zu gewährleisten. Auch die kommunikativen Fähigkeiten sind von Bedeutung – diese beherrsche ich. Ich sehe, wie meine vorherige ehrenamtliche Tätig-

5

keit Persönlichkeitsmerkmale herausgebildet hat, die nun von Vorteil sind.

1984 wird der Logistikleiter für eine neu aufzubauende Verteilerzentrale in Echternach/Luxemburg gesucht. Die Wahl fällt auf mich. Mit 29 Jahren verdiene ich als „Herr über ein automatisches Hochregallager" ein sechsstelliges DM-Gehalt, fahre ein Firmenfahrzeug und führe 45 Mitarbeiter. In der Retrospektive sehe ich Fehler, die ich gemacht und Grenzen, die ich erreicht habe. Die Konzernleitung steht mir allerdings wohlwollend gegenüber und sendet mich 1987 als „Leiter der Materialwirtschaft" nach Stuttgart. Aufgrund der steuerlichen Begebenheiten verdiente ich hier brutto nochmals wesentlich mehr als in Luxemburg.

1989 fährt die deutsche Niederlassung einen siebenstelligen Verlust ein – Rationalisierungsmaßnahmen werden notwendig. Es trifft auch mich nach zehn Jahren Firmenzugehörigkeit. Mit 34 Jahren, ledig, empfinde ich das eher als eine Ermutigung, einmal etwas anderes zu machen. Auf meine Abfindung verzichte ich zum Teil. Ich habe gute Zeiten erlebt und bin dankbar. Hier schließt sich der Kreis mit dem Anfang des Buches. Ich schalte eine Stellensuchanzeige in der *FAZ*. Es gibt mehrere Optionen und als ich mich festgelegt habe, meldet sich der Geschäftsführer von Yves Rocher mit der Stelle als Controller – wie bereits erwähnt.

5

Ich bleibe bei meinem Entschluss und ziehe nach Dortmund. Ein anderer Leiter aus der vorherigen ehrenamtlichen Tätigkeit hat hier *xpand*, ein Trainings- und Beratungsinstitut, gegründet, allerdings als Verein für den Non-Profit-Bereich. Mit mir zusammen wird nun der geschäftliche Ausbau für den Business-Bereich vorgenommen. Fünf Jahre der Selbstständigkeit folgen – die mich ungemein weiterbringen auf Gebieten, die bisher weniger im Fokus standen: Strategie-, Organisations- und Personalentwicklung. Ich starte ein Studium der Betriebswirtschaftslehre, das ich allerdings nach vier Semestern wieder beende. Ich habe meine Frau in Dortmund kennengelernt und bin durch den Geschäftsaufbau voll ausgelastet.

1994 stelle ich mit 39 Jahren fest, dass mir die operative Tätigkeit in einem internationalen Umfeld – wie gehabt – fehlt und ich sehe mich erneut um. Die Gillette-Tochter Jafra Cosmetics hat in München die Funktion des Supply Chain Managers zu vergeben. Meinen Chef kenne ich aus meiner Yves Rocher-Zeit. Als er in die Marketing- und Sales-Verantwortung gerufen wird, übernehme ich seine Funktion im Management-Team als Operations Director Europe. 1997 wird das Unternehmen nach 25 Jahren über einen Management Buy-Out aus dem Gillette-Konzern herausgelöst und ich berichte an einen neuen, spanischen President Europe. Dieser überwirft sich mit der Geschäftsführerin der niederländischen GmbH. 1999 übernehme ich ihre Position. In den kommenden beiden Jahren weisen die Niederlande das stärkste Wachstum weltweit vor. Eine Kostendeckung realisiere ich aber nicht. Als 2001 die Niederlassungen Österreich, Italien und Holland nach München zentralisiert werden, kann ich als Commercial Director Europe wieder in die bayerische Hauptstadt ziehen. Als Familie, mit inzwischen zwei Kindern, entscheiden wir uns, am Niederrhein zu bleiben.

Ich blicke zu diesem Zeitpunkt auf 17 Jahre Erfahrung in der Kosmetikbranche zurück, bei zwei Unternehmen in fünf Ländern. Ich steige mit einem sechsstelligen Euro-Gehalt aus. Dazu weist meine Vita fünf Jahre der Selbstständigkeit auf. In meinem Arbeitsvertrag bei Jafra Cosmetics wurde – im Übrigen – festgehalten, dass ich als Nebentätigkeit bei *xpand* tätig sein kann, soweit dies mit meiner Verantwortung im Angestelltenverhältnis vereinbar wäre.

Mein Geschäftspartner bei *xpand* kehrt 2001 in die Niederlande zurück und erhält die Option, als Distributor vom Persolog Persönlichkeitsprofil die Lizenz für Holland zu erwerben. Er spricht mich an – und als Gesellschafter gründen wir *Persolog Niederlande*.

Neben *xpand* und *Persolog* lockt mich dennoch eine operative Verantwortung in einem internationalen Konzern. Ich sende mit 46 Jahren eine Initiativbewerbung an den amerikanischen Ausstatter für Krankenhausbedarf, Cardinal Health, der sich zwölf Kilometer von mir entfernt in Kleve befindet. Zwei Monate höre ich nichts – dann erhalte ich eine Einladung. Ich übernehme als Director Operations & Services die Verantwortung für 60 Mitarbeiter in mehreren europäischen Ländern.

Nach einem Jahr werde ich von Egon Zehnder für eine Geschäftsführungsfunktion eines amerikanischen Kosmetik-Direktvertriebsunternehmens angesprochen. Es folgen – wie im Buch beschrieben – Gespräche in Köln, München, Moskau und Dallas. Ergebnis: ein Vertrag mit einem Fixum von 150.000 Euro zuzüglich Bonus, Firmenwagen und Pensionszusage. Aus persönlichen Gründen, darunter auch Loyalität gegenüber Cardinal Health, nehme ich das Angebot nicht an. Es bestärkt mich jedoch in meiner Meinung, dass auch mit

47 Jahren eine Attraktivität für den Arbeitsmarkt existieren kann, wenn einer seine Stärken kennt und das „Job-Hunting" konsequent umsetzt.

2004 musste ich feststellen, dass meine Werte zunehmend von den Konzern-Werten abweichen, obwohl die Verfahrensweisen überaus erfolgreich und absolut legitim sind. Ich kündige. Erneut folgen fünf Jahre der Selbstständigkeit innerhalb *xpand*. Ich schreibe mein Buch „Mein neuer Job", baue das Training aus und wachse in der Beratungstätigkeit.

Ich coache einen Geschäftsführer eines Krankenhauses, der zur Damp-Krankenhausgruppe (wurde zwischenzeitlich in die Helios-Gruppe integriert) wechselt. Als dieser Konzern Weihnachten 2007 eine Stellenanzeige für einen Geschäftsführer aufgibt, reizt es mich, eine Bewerbung zu versenden. Ich werde eingeladen, führe Gespräche mit dem Vorstand, durchlaufe ein Assessment-Verfahren und werde angestellt. Zum ersten Mal verstehe ich richtig die Bedeutung eines Netzwerkes: Aus meiner Umgebung höre ich, dass auch andere Unternehmen an mir interessiert gewesen wären, wenn sie gewusst hätten, dass ein Angestelltenverhältnis für mich durchaus eine Option gewesen wäre.

Im Jahr 2009, mit 53, soll ich mich dem Aufbau einer Verteilerzentrale widmen, einer Tätigkeit, die ich bereits dreimal vorgenommen habe. Der Plan will jedoch nicht richtig gelingen, da Zweifel seitens des Vorstandes am Projekt bleiben. Ich lebe nun ein Luxus-Leben mit einem attraktiven Gehalt, an meinem Arbeitsplatz im Ostseebad Damp. Mir fehlt jedoch die in Aussicht gestellte Tätigkeit.

In dieser Zeit meldet sich einer der *xpand*-Kunden, der meinen Wechsel beobachtet hatte. Die Frage „Läuft alles nach Plan?" verneine ich – da der Verantwortungsbereich von der ursprünglichen Planung abweicht. Die Option: Übernahme der Geschäftsleitung der BUT-TING-Akademie. Ich willige ein – allerdings in einem Teilangestelltenverhältnis. Dies kombiniere ich weiterhin mit meiner selbstständigen Tätigkeit innerhalb von *xpand* sowie meinem Unternehmertum von *Persolog Niederlande*.

Wozu habe ich Sie mit auf die Reise genommen? Vor 35 Jahren saß ich in Brüssel auf dem Gabelstapler. Ich habe erfahren, dass das Leben überraschen kann. Natürlich tragen wir zum Erfolg bei. Wir erbringen eine gute Leistung, konzentrieren uns auf das, was wir können. Wir leben eine hohe Integrität.

Dennoch sind wir in vielen Fällen abhängig vom Zusammenpassen der Umstände. Erhält das richtige Unternehmen unsere Unterlagen? Die richtige Person? Zum richtigen Zeitpunkt? Viele Faktoren haben Sie nicht in der Hand. Sie können aber Beharrlichkeit zeigen. Und offen sein für die Tatsache, dass Ihre Aktionen von Erfolg gekrönt werden!

Es hört sich banal an, aber: Geben Sie nicht auf! Nur wer aufgibt, erhält keine weiteren Chancen. Jede Bewerbung ist die erste Bewerbung – zumindest für das Unternehmen, bei dem Sie erfolgreich sind. Teilen Sie mir Ihre Erfahrungen mit. Ich berichte gern darüber auf meiner Website unter der Rubrik „Erfahrungsberichte".

5

Weiterführende Literatur

Birkner, Monika: Kurswechsel im Beruf. Erfolgreicher sein, sich nicht mehr verbiegen. Praxisratgeber für die Neuorientierung in der Lebensmitte. Walhalla Fachverlag.

Birkner, Monika: Erfolgreich als Solo-Unternehmer. Wachstumsstrategien für Selbstständige. Walhalla Fachverlag.

Bloemer, Vera: Interim Management. Top-Kräfte auf Zeit. Walhalla Fachverlag.

Bloemer, Vera: Patchwork-Karriere. Mit Vielseitigkeit und Strategie zum Berufserfolg. Walhalla Fachverlag.

Bolles, Richard N.: The Three Boxes of Life: And How To Get Out of Them. Ten Speed Press.

Bolles, Richard N.: Durchstarten zum Traumjob. Das ultimative Handbuch für Ein-, Um- und Aufsteiger. Campus.

Bolles, Richard N.: The three boxes of life and how to get out of them: an introduction to life/work planning. Ten Speed Press.

Bridges, William: Transitions. Making Sense of Life's Changes. Perseus Books.

Buford, Bob: Halftime. Changing Your Game Plan from Success to Significance. Zondervan.

Burdenski, Anne/Donath, Andreas/Essler, Peter: Abenteuer Denken. Kreativ denken lernen – Potenziale entdecken und fördern. Gerth-Medien.

Covey, Stephen: Die 7 Wege zur Effektivität. Prinzipien für persönlichen und beruflichen Erfolg. Gabal.

Csíkszentmihályi, Mihály: Flow im Beruf. Das Geheimnis des Glücks am Arbeitsplatz. Klett-Cotta.

Donders, Paul Ch./Grün, Anselm: Wertschätzung. Die inspirierende Kraft der gegenseitigen Wertschätzung. Vier Türme Verlag.

Donders, Paul Ch.: Kreative Lebensplanung. Entdecke deine Berufung. Entwickle dein Potenzial – beruflich und privat. GerthMedien.

Duarte, Nancy: resonate: oder wie Sie mit packenden Storys und einer fesselnden Inszenierung Ihr Publikum verändern. Wiley-VCH Verlag.

Fox, Jeffrey J.: Don't send a resume. And other contrarian rules to help land a great job. Hyperion.

Friedman, George: Die nächsten 100 Jahre. Die Weltordnung der Zukunft. Campus.

6

Gaedt, Martin: Mythos Fachrkäftemangel. Was auf Deutschlands Arbeitsmarkt gewaltig schiefläuft. Wiley-VCH Verlag.

Gay, Friedbert: Das DISG Persönlichkeitsprofil. Persönliche Stärke ist kein Zufall. Gabal.

Göggelmann, Ute/Hauser, Frank: Deutschlands beste Arbeitgeber. Ein Blick hinter die Kulissen. FinanzBuch Verlag.

Grün, Anselm: Das Buch der Lebenskunst. Herder Spektrum.

Guardini, Romano: Die Lebensalter. Ihre ethische und pädagogische Bedeutung. Topos.

Hesse, Jürgen/Schrader, Hans Ch.: Die perfekte Bewerbungsmappe für Führungskräfte. Die besten Beispiele erfolgreicher Kandidaten. Eichborn.

Hofbauer, Günter/Lindemann, Stefan: Schnellkurs Bewerbung. Korrekt – überzeugend – erfolgreich. Walhalla Fachverlag.

Holzheu, Harry: Ehrlich überzeugen. Aktiv zuhören – Souverän verhandeln – Sicher gewinnen. Econ.

Jobguide: Engineering. Matchbox Media.

Jobguide: Germany. Matchbox Media.

Kerber, Bärbel: Die Arbeitsfalle: Wie man sein Leben zurückgewinnt. Strategien gegen die Selbstausbeutung und für ein wertvolles Leben. Walhalla Fachverlag.

Knoblauch, Jörg: Die besten Mitarbeiter finden und halten. Die ABC-Strategie nutzen. Campus.

Knoblauch, Jörg/Hüger, Johannes/Mockler, Marcus: Dem Leben Richtung geben. In drei Schritten zu einer selbstbestimmten Zukunft. Campus.

Kratz, Hans-Jürgen: Das Vorstellungsgespräch. Optimal vorbereitet auf Ihren Live-Auftritt. Walhalla Fachverlag.

Kratz, Hans-Jürgen: Handbuch Bewerbung. So finden Sie den richtigen Arbeitsplatz. Walhalla Fachverlag.

Kratz, Hans-Jürgen: Musterbriefe zur Bewerbung. Anzeigen richtig interpretieren. Bewerbungen zielorientiert interpretieren. Walhalla Fachverlag.

Kiyosaki, Robert T.: Cashflow Quadrant. Rich Dad, Poor Dad. FinanzBuch Verlag.

Lindstrom, Martin: Buy-ology: Warum wir kaufen, was wir kaufen. Campus.

List, Karl-Heinz: Kreative Jobsuche. Was will ich? Was kann ich? Wie erreiche ich mein Ziel? Walhalla Fachverlag.

Lucas, Manfred: Das erfolgreiche Vorstellungsgespräch. Das neue Bewerbungswissen. Walhalla Fachverlag.

6

Lundin, Stephen C./Paul, Harry/Christensen, John: Fish for Life. Mit der Fish!-Philosophie zu einem glücklichen Privatleben. Mosaik bei Goldmann.

Miller, Arthur F./Hendricks, William: Why You Can't Be Anything You Want to Be. Zondervan.

Pease, Allan/Pease, Barbara: Der tote Fisch in der Hand. Und andere Geheimnisse der Körpersprache. Ullstein.

Pöhm, Matthias: Vergessen Sie alles über Rhetorik. Goldmann Verlag.

Püttjer, Christian/Schnierda, Uwe: Die Bewerbungsmappe mit Profil für Führungskräfte. Campus.

Püttjer, Christian/Schnierda, Uwe: Die erfolgreiche Initiativbewerbung. Campus.

Rottmann, Verena: Legale Bewerbungstricks. Geschickt antworten auf unzulässige Fragen. Lücken im Lebenslauf vorteilhaft kaschieren. Walhalla Fachverlag.

Schulze von Thun, Friedemann: Miteinander reden. Störungen und Klärungen. Allgemeine Psychologie der Kommunikation. rororo.

Seiwert, Lothar J./Gay, Friedbert: Das 1 × 1 der Persönlichkeit. Persolog.

Winzen, Oscar J.: Das Profi-Hörbuch Bewerbung. Entspannt zuhören. Aus Beispielen lernen. Im Gespräch souverän umsetzen. Mit zahlreichen Musterbriefen zum Ausdrucken. Walhalla Fachverlag.

6

Orientierungshilfen und Ideen

Um erfolgreich bei der Jobsuche zu sein, sollte man sich selbst kennen. Finden Sie heraus, wo Ihre Stärken, aber auch wo Ihre Schwächen liegen. Werden Sie sich Ihrer Interessen und Fähigkeiten bewusst. Schärfen Sie Ihr eigenes Profil. Die vorliegenden Workshops helfen Ihnen dabei! Nähere Infos zum Download finden Sie am Ende des Buches.

Orientierungshilfen und Ideen zum Download

1. Wo komme ich her?
   - Familiäres Erbe väterlicherseits
   - Familiäres Erbe mütterlicherseits
   - Familiäres Erbe – Zusammenfassung
   - Positive Prägungen auf Ihrem Lebensweg
   - Schul- und Berufskurve
   - Lebenskurve

2. Was steckt in mir?
   - Persönlichkeitsstärken 1
   - Persönlichkeitsstärken 2
   - Ideales Umfeld 1
   - Ideales Umfeld 2
   - Natürliche Fähigkeiten
   - Werte
   - Bestandsaufnahme der eigenen Person

3. Positionierung auf dem Arbeitsmarkt
   - Das eigene Profil erstellen
   - Den verdeckten Arbeitsmarkt erschließen (Aktionsplan – Checkliste)

4. Die Bewerbung
   - Lebenslauf (Muster)
   - Vorstellungsgespräch – Vorbereitung auf mögliche Fragen

5. Bilanz – Die ersten 100 Tage im neuen Job
   - Checkliste
   - Umgang mit Stress
   - Gesundheit

7

8

Download inklusive: Lesen wo und wann Sie wollen

Ihr Code zum Download

> # VHV-ZOG-LSR

Mit diesem Code können Sie zusätzliche Orientierungshilfen und Workshops von unserer Homepage herunterladen:

- Gehen Sie auf **www.walhalla.de/service/aktivierungscodes** oder nutzen Sie den nebenstehenden QR-Code.
- Geben Sie Ihre E-Mail-Adresse und den Aktivierungscode ein.
- Der Link zum Download wird Ihnen in einer E-Mail zur Verfügung gestellt.

Sollten Sie an einer Serverlösung interessiert sein, wenden Sie sich bitte an den WALHALLA Kundenservice; wir bieten hierfür attraktive Lösungen an (Tel. 0941/5684-209).

Stichwortverzeichnis

8

Stichwortverzeichnis

8